AGILE

Ein schönes Buch darüber, wie eine Organisation gesund, flexibel und fit wird, voller Tipps, Fallstricke und Praxiserfahrung

AGILE

RINI VAN SOLINGEN

Aus dem Niederländischen von Rolf Dräther

dpunkt.verlag

Rini van Solingen, *rini@rinivansolingen.nl*

Lektorat: Christa Preisendanz
Übersetzung: Rolf Dräther, *beratung@rolfdraether.de*
Copy-Editing: Ursula Zimpfer, Herrenberg
Satz: Birgit Bäuerlein
Herstellung: Stefanie Weidner
Umschlaggestaltung: Helmut Kraus, *www.exclam.de*
Druck und Bindung: mediaprint solutions GmbH, 33100 Paderborn

Bibliografische Information der Deutschen Nationalbibliothek
Die Deutsche Nationalbibliothek verzeichnet diese Publikation in der Deutschen Nationalbibliografie; detaillierte bibliografische Daten sind im Internet über *http://dnb.d-nb.de* abrufbar.

ISBN:
Print 978-3-86490-738-8
PDF 978-3-96088-987-8
ePub 978-3-96088-988-5
mobi 978-3-96088-989-2

Die Originalausgabe enthält QR-Codes zu Videos des Autors (in holländischer Sprache); den Link zu diesen Videos finden Sie unter *www.dpunkt.de/agile-videos*.

Hinweis: Der Umwelt zuliebe verzichten wir auf die Einschweißfolie.

Schreiben Sie uns: Falls Sie Anregungen, Wünsche und Kommentare haben, lassen Sie es uns wissen: *hallo@dpunkt.de*.

5 4 3 2 1 0

INHALT

GELEITWORT

Fast 20 Jahre lang haben Rini van Solingen und ich zusammengearbeitet: Rini als Autor von Fachartikeln, ich als Redakteur bei *Automatisering Gids* (2016 aufgegangen im Monatsmagazin *AG Connect*). Es war von Anfang an eine fruchtbare Zusammenarbeit. Dieses Buch ist dafür der Beweis. Nahezu jedes Kapitel beruht auf einem Artikel, der von Rini bereits früher veröffentlicht wurde.

Er war wohl mein produktivster IT-Experte. Ich habe ihn einmal die Diva unter meinen Autoren genannt. Allerdings ein Autor ganz ohne Starallüren. Er ist eine Spinne im Netz. Er weiß, wie das Netz aussehen soll, wartet jedoch zuerst ab und lässt den Wind seine Arbeit verrichten. Denn ehe eine Spinne ein Netz baut, lässt sie einen Konstruktionsfaden im Wind schweben. Wohin es den weht oder woran er sich festhakt, das weiß die Spinne nicht. Sie wartet.

Wer Rini kennt, dem kommt bei ihm nicht als Erstes »warten« in den Sinn. Denn er ist schnell, sehr schnell. Und doch – wie paradox das auch klingen mag: Er wartet. Du musst dich trauen, sagt er, musst kleine Schritte machen, um wachsam für kleine Veränderungen zu bleiben. Der erste Schritt ist der bedeutsamste. Erst dann weißt du, was der nächste Schritt sein muss. Das ist agil. Maximale Wendigkeit. Einen Blick für den Wind haben, für Unvorhersehbares. Die Essenz von Agilität ist, schreibt Rini, sich von der Idee zu verabschieden, dass man einen detaillierten Plan braucht, um komplexe Probleme zu lösen.

Dass dieses Thema Rini wie auf den Leib geschrieben ist, wusste ich bereits, ehe der Begriff Agilität in den Kolumnen von *Automatisering Gids* auftauchte. Wir arbeiteten schon seit Jahren nach diesem Prinzip zusammen. Die Stärke unserer Zusammenarbeit bestand in der Kraft der Agilität. Wir warten beide wie die Spinne. Die Kombination von IT-Experte und Redakteur erschafft das Paradoxon: durch Warten ein perfektes Netz bauen. Oder: Indem man auf die Ideen des anderen hört, Schritt für Schritt eine schöne Sammlung von Artikeln schreiben.

Den Mut haben zu warten.
Damit fängt es an.
Immer.

Henk Ester (Den Haag, 1. September 2018)

Henk Ester (1952) ist Dichter, studierte Geografie und Philosophie in Utrecht und arbeitete bis zum Sommer 2018 als Redakteur bei *Automatisering Gids* und *AG Connect*. Er debütierte 2013 mit dem Gedichtband »Bijgeluiden«, für den er mit dem C.-Buddingh'-Preis für das beste Poesiedebüt des Jahres ausgezeichnet wurde. 2016 erschien von ihm »E-groot is rood« und 2018 »Het vermoeden van Witten«.

*Die Grundannahme
darin, dass Agilität
anwendbares Mindset
Umgebungen seinen
Und das ist gar*

dieses Buches besteht
vor allem ein breit
ist, das in vielen
Weg finden wird.
nicht so abwegig.

1

DAS WARUM, WAS, WANN UND WIE VON AGILITÄT

AGILITÄT KANN MAN MIT FITNESS VERGLEICHEN. ALS TEAM, ABTEILUNG ODER ORGANISATION SO FIT ZU SEIN, DASS MAN MIT ALLEN GEGEBENHEITEN UMGEHEN KANN. SCHNELL, ZÜGIG UND WENDIG REAGIEREN KÖNNEN, WENN ES DIE SITUATION ERFORDERT. WAS AUCH GESCHIEHT, MAN IST AUF ALLES VORBEREITET. UND GENAU DAS IST EINE ÄUSSERST BEDEUTSAME FERTIGKEIT IN EINER ZEIT VON DIGITALISIERUNG, DISRUPTION UND BLITZSCHNELLEN VERÄNDERUNGEN.

Agilität ist vor allem ein Mindset

Agilität ist eine Denk- und Handlungsweise (Mindset), die Veränderung willkommen heißt. Alles dreht sich um schnelles Liefern von Ergebnissen und das anschließende Lernen daraus. Agiles Arbeiten bedeutet, Menschen und Teams Autonomie zu geben, verbunden mit klaren Entscheidungsbefugnissen und viel Selbstorganisation. Es geht darum, kontinuierliche Verbesserung in den Mittelpunkt zu stellen und Schritt für Schritt zu versuchen, einen noch höheren Kundennutzen zu generieren und bisherige Leistungen zu übertreffen. Das bedeutet, Schritt für Schritt lernen und sich verbessern, indem man handelt. Ergebnisse liefern und lernen, was man verbessern kann – gemeinsam als Team. Das ist Agilität.

Agilität passt bei häufigen Veränderungen

Agiles Arbeiten passt am besten zu Situationen, in denen sich viel verändert und noch erforscht werden muss. Das gilt für Arbeit, für die bereits Ideen existieren, jedoch im Laufe ihrer Umsetzung noch eine Menge überlegt, gelernt und angepasst werden muss. Eine Planung ist dann nur in beschränktem Umfang sinnvoll, da es am Ende doch anders läuft als erwartet. Ein klares Ziel wird auf jeden Fall gebraucht, doch wie man es erreicht, darf weitestgehend offenbleiben. Und selbst das Ziel sollte man regelmäßig überprüfen, denn auch das kann in unserer sich schnell verändernden Welt in Bewegung geraten. Und je fitter man ist, desto einfacher kann man mit Veränderungen umgehen.

Agilität passt hervorragend zu Wissensarbeit

Die Grundannahme dieses Buches besteht darin, dass Agilität vor allem ein breit anwendbares Mindset ist, das in vielen Umgebungen seinen Weg finden wird. Und das ist gar nicht so abwegig. Denn die Gesellschaft wird schließlich infolge von Digitalisierung und neuen Formen der Zusammenarbeit immer schneller. Agilität hilft, in Zusammenarbeit mit anderen und in kleinen Schritten Ziele zu erreichen, die man jederzeit anpassen kann.

So gesehen ist agiles Arbeiten sehr gut geeignet für das, was wir oft »Wissensarbeit« nennen: eine Form der Zusammenarbeit zwischen Menschen, bei der die Arbeit und deren Resultate oft virtuell sind und aus Informationen, Daten oder Ähnlichem bestehen. Wissensarbeit ist nicht physisch und vollzieht sich deshalb grundlegend schneller als Arbeit in der physischen Welt. Nachrichten, Dokumente und Dossiers kann man schließlich in digitaler Form binnen einer Sekunde an das andere Ende der Welt schicken. Infolge dieser Beschleunigung eignet sich die hierarchische Infrastruktur innerhalb von Organisationen nicht mehr für schnelle operative Entscheidungen. Die Geschwindigkeit und die Dynamik der Veränderung sind schlichtweg zu groß, um für jede Entscheidung beim Chef die Zustimmung einzuholen. Operative Entscheidungen werden deshalb immer häufiger auch auf der operativen Ebene getroffen, meist in Teams, die sich selbst organisieren dürfen.

Die Rolle des Managements verändert sich

Die Rolle des Managements verändert sich folgendermaßen: Es trifft nicht länger operative Entscheidungen entlang hierarchischer Strukturen und Prozesse, sondern agiert dienend, organisiert, stiftet Sinn und setzt den Rahmen. Das Management kümmert sich nicht länger um das Tagesgeschäft, sondern schafft eine Umgebung, in der selbstorganisierte Teams autonom arbeiten und selbstständig erfolgreich sein können. Und das ohne Einmischung und Korrekturen von oben herab.

Agiles Arbeiten ist also eine Reaktion auf eine sich schnell verändernde und komplexe Welt. Und da es offensichtlich auch effektiv ist, ist es sicher kein Hype, der wieder vergeht. Viele Organisationen in den Niederlanden arbeiten auf die eine oder andere Weise aktiv daran, ihre Flexibilität zu vergrößern – ganz gleich, ob klein oder groß, kommerziell oder öffentlich, jung oder alt, technisch oder administrativ. Sie alle ringen mit der Dynamik ihrer Umgebung. Und alle sehen viele Vorteile darin, ihre Arbeitsweise agiler, beweglicher zu gestalten. Die Art und Weise wird sich von Organisation zu Organisation unterscheiden. Das ist abhängig von ihrer aktuellen Situation, ihren Kunden und ihren Mitarbeitern. Doch das Streben nach schnelleren Resultaten und höherer Flexibilität ist eine übereinstimmende Veränderung in sehr vielen Organisationen.

Schritt für Schritt entdecken

Die Essenz agilen Arbeitens besteht darin, zu akzeptieren, dass für die fernere Zukunft niemals klar vorhergesagt werden kann, was man wann schaffen wird. Tatsache ist, dass sich so viel verändert, dass wir eigentlich weit im Voraus keinerlei Vereinbarungen treffen können. Ein wichtiger persönlicher Schritt auf dem Weg zu einer agilen Arbeitsweise besteht darin, den Mut zu haben, sich von der Überzeugung freizumachen, dass ein detaillierter Plan für den Erfolg in einer komplexen Situation erforderlich ist.

Arbeiten Sie experimentell und Schritt für Schritt. Lernen Sie darauf zu vertrauen, dass es wichtiger ist, den ersten Schritt zu tun, und dass Sie erst während dieses Schritts herausfinden werden, was der beste nächste Schritt ist. Agile Teams planen nicht zu weit in die Zukunft und liefern in kurzen Zyklen schrittweise Ergebnisse. Und das vor allem mit dem Ziel, aus jedem Schritt zu lernen: Was man verbessern kann und was Kunden wirklich brauchen. Und entdecken Sie gemeinsam während der Arbeit, worin der größte Kundennutzen besteht.

1.1 AGIL ZU ARBEITEN, HEISST ARBEITEN WIE EIN DELFIN

Die Essenz von Agilität kann man auch gut anhand eines U-Boots und eines Delfins verdeutlichen. Die herkömmliche Projektvorgehensweise ist vergleichbar mit einem U-Boot: Das Boot ist unsichtbar und bewegt sich unterhalb der Wasseroberfläche. Dort kann es lange bleiben. Genau wie ein großes Projekt. Erst kurz vor dem Ende wird man unruhig; wenn die Deadline näher kommt, kommen plötzlich Dringlichkeit und Aktivität auf. Ein U-Boot taucht am Ende mit einem Ergebnis auf - zum allerersten Mal. In der Hoffnung, dass dann alles gut ist, dass die Kunden zufrieden sind und dass das Ergebnis viel Geschäftswert beinhaltet. Die Praxis sieht leider anders aus. Die Hoffnung entpuppt sich oft als aufgeschobene Enttäuschung. Völlig verständlich, denn dieses »Auftauchen« ist der allererste Moment für Feedback. Mit allem, was nicht richtig oder nicht gut ist, wird man zur gleichen Zeit konfrontiert. Und leider hat man nicht mehr wirklich Zeit, sich mit diesem Feedback zu beschäftigen. Dieses U-Boot nennt man auch das »See-you-later-Modell«.

»Die Essenz von Agilität kann man auch gut anhand eines U-Boots und eines Delfins verdeutlichen.«

Die Alternative dazu ist der Delfin. Auch ein Delfin taucht unter die Wasseroberfläche. Doch ein Delfin kommt schnell wieder nach oben, denn Delfine brauchen Luft. Bei der Delfin-Herangehensweise taucht man auch unter Wasser, kommt aber schnell mit einem ersten Ergebnis wieder nach oben. Dieses ist natürlich weniger umfangreich und kleiner, als man sich vorstellt, nichtsdestotrotz kann man es testen. Man kann testen, ob das Ergebnis Geschäftswert beinhaltet, ob es funktioniert und ob damit wirklich ein Teil des Ziels realisiert ist. Folglich wird deutlich, ob es den erwarteten Wert liefert, und man erhält Feedback, ob etwas sinnvoll ist oder nicht.
Mit diesem Wissen taucht der Delfin wieder ab und kommt etwas später erneut zum Vorschein. Ein Delfin arbeitet mit sogenannten Iterationen oder Sprints (Wiederholungen): Ein ums andere Mal unter Wasser verschwinden und wieder auftauchen. Luft holen, kontrollieren, ob die Richtung noch stimmt, oder sich zur Kurskorrektur entschließen. Und dann hopp, wieder unter Wasser, nur um schnell wieder nach oben zu kommen. Die Delfin-Herangehensweise heißt auch das »See-you-soon-Modell«.

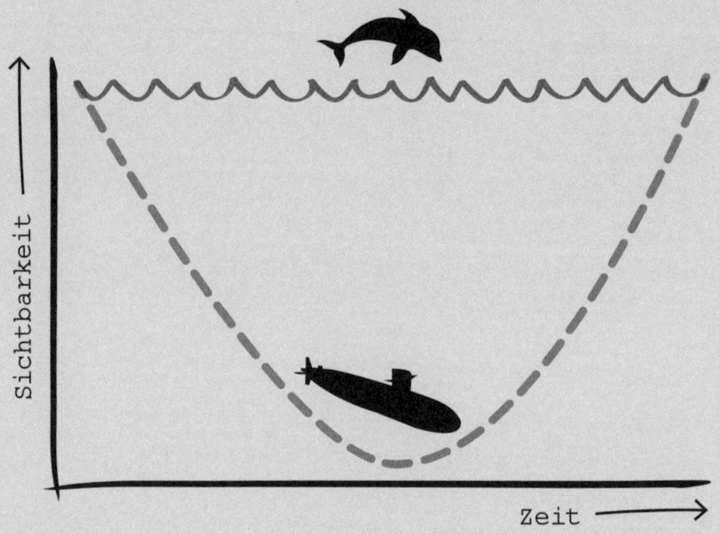

Versuchen Sie bei allem, was Sie tun, so schnell wie möglich ein Ergebnis zu liefern und dazu Feedback einzuholen. Sie werden merken, dass Sie so schneller Ergebnisse erzielen und viel früher verstehen, welche Teile des ursprünglichen Plans überhaupt nicht erforderlich sind. Und genau darin besteht die Beschleunigung durch Agilität. Es geht nicht darum, härter, sondern intelligenter zu arbeiten. Indem Sie herausfinden, was Sie nicht umsetzen müssen, weil es keinerlei Wert besitzt, gewinnen Sie eine Menge Zeit. Das eröffnet Ihnen die Chance, entweder schon früher zu liefern oder aber in der gleichen Zeit zusätzlichen Wert zu schaffen.

Zwei verschiedene Herangehensweisen, die auf völlig unterschiedliche Weise funktionieren:

- Am Ende ist es fertig versus es ist immer etwas fertig.
- Feedback am Ende versus Feedback von Anfang an.
- Keine zwischenzeitlichen Kurskorrekturen versus kontinuierliche Kurskorrekturen.
- Mittendrin nicht stoppen können versus jederzeit stoppen können.
- Geschäftswert wird erst geliefert, wenn alles fertig ist, versus das Wertvollste wird zuerst umgesetzt und geliefert.
- Risiken zurückstellen versus Risiken aktiv angehen.

Kurzum: Arbeit in langen Zyklen versus Arbeit in kurzen Zyklen. Agiles Arbeiten unterscheidet sich grundlegend von herkömmlicher Projektvorgehensweise. In einer dynamischen und komplexen Welt, in der sich viel verändert und zur Diskussion steht, ist es intelligenter, in kurzen Zyklen zu arbeiten. Denn das funktioniert hier viel besser.

Agiles Arbeiten ist wie das Schwimmen eines Delfins: immer wieder auftauchen und auf Basis konkreter Ergebnisse und neuer Erkenntnisse den Kurs korrigieren.

1.2 FUNDAMENTALE DENKFEHLER, DIE DURCH AGILES ARBEITEN AUFGELÖST WERDEN

Agilität funktioniert, weil sie eine Reihe konzeptioneller Denkfehler bereits direkt im Arbeitsprozess auflöst:

- Es ist ein Denkfehler, dass die Endergebnisse im Vorfeld vollständig spezifiziert sein müssen, ehe mit der Umsetzung begonnen werden kann – weil das Einholen von Feedback niemals aufgeschoben werden darf. Denn am Anfang weiß man am wenigsten. Die meisten Fehler werden in der Regel am Anfang gemacht. »Vorher« ist deshalb der denkbar ungünstigste Zeitpunkt, um diverse Details auszuarbeiten und festzulegen. Denn das würde bedeuten, dass man im weiteren Verlauf nichts mehr lernen oder entdecken wird. Je eher es Feedback gibt, desto früher wird klar, dass Fehler gemacht oder Dinge falsch verstanden wurden. Dadurch kann man früher eingreifen und zudem sinnlose Vorbereitungsarbeiten vermeiden.
- Es ist ein Denkfehler, dass Erkenntnisfortschritt stört und Änderungswünsche eine Gefahr sind und der Leistungsumfang (Scope) deshalb knallhart überwacht werden muss, um erfolgreich zu sein. Das ist deshalb ein Denkfehler, weil der Hauptgrund für einen Änderungswunsch die Einsicht ist, dass es besser ist, etwas anders zu machen. Mit anderen Worten: Ein Änderungswunsch hat die Absicht, den Wert zu erhöhen! Das zu missachten, wäre grundlegend falsch. Änderungswünsche müssen einen zentralen Platz im Arbeitsprozess einnehmen, denn sie verbessern das Endresultat. Kontinuierlicher Erkenntnisfortschritt kann dabei helfen, mehr Wert mit weniger Anstrengung zu generieren. Denn wenn zusätzlicher Wert entdeckt wird, können Anforderungen von geringerem Wert gestrichen werden. Eine Anpassung des Umfangs bedeutet nicht nur das Hinzufügen

zusätzlicher Elemente, sondern ganz sicher auch das Streichen von Dingen, die anfangs erforderlich schienen, doch nun nicht mehr sinnvoll zu sein scheinen.

- Es ist ein Denkfehler, dass detaillierte Dokumentation erforderlich ist und besser funktioniert, als wenn man rohe Skizzen miteinander entwirft und bespricht – weil Dokumente dazu da sind, um in den Köpfen von Menschen, die zusammenarbeiten, identische Konzepte und Modelle aufzubauen. Derartige Konzepte und Modelle werden jedoch viel schneller und effektiver übertragen, indem man miteinander diskutiert, interagiert und Fragen aufwirft. Es geht dabei um den Lernprozess, nicht um das Dokument. Es ist ein Fehler zu glauben, dass mentale Modelle durch ein geschriebenes Dokument voller Details übertragen werden können. Geteilte mentale Modelle erschafft man durch gemeinsame Interaktion.
- Der vielleicht größte Denkfehler ist, dass während der Umsetzung nicht gelernt wird. Viele Aufgaben sind heute komplexer Natur. Komplexe Arbeit zeichnet sich durch eine große Vielfalt von Faktoren aus, die dafür sorgen, dass die Ergebnisse im Voraus kaum vorhersehbar sind. Rückblickend allerdings sind sie erklärbar; dann ist immer klar, wie es zu bestimmten Entwicklungen gekommen ist und was man eigentlich hätte anders machen müssen. Darum ist das Lernen durch Handeln von entscheidender Bedeutung in einer schnellen und sich verändernden Welt. Das erfordert, es zu akzeptieren, dass während der Umsetzung ständig Kurskorrekturen auf Basis fortschreitender Erkenntnisse und Lernerfahrungen vorgenommen werden. Man sollte besser nicht davon ausgehen, dass man intelligent genug ist, Komplexität im Voraus vollständig durchschauen und mittels detaillierter Pläne neutralisieren zu können. Denn Komplexität kann man nur mit Iterationen bändigen. Also lernen durch Handeln und dabei Veränderungen willkommen heißen.

1.3 DAS AGILE MANIFEST

Agilität ist in erster Linie ein Mindset, das im Agilen Manifest ausgearbeitet wurde. Dieses Manifest wurde 2001 von einer Reihe von Experten aufgestellt, von denen kleine, leichtgewichtige Herangehensweisen entwickelt worden waren, die sich in der Praxis als äußerst effektiv erwiesen haben.

Dieses Agile Manifest besteht aus lediglich vier Werten (values), die in zwölf Prinzipien weiter ausgearbeitet sind. Auf Basis dieser Werte und Prinzipien wurden Herangehensweisen entwickelt, die selbst wieder durch unendlich viele Praktiken (practices) unterstützt werden.

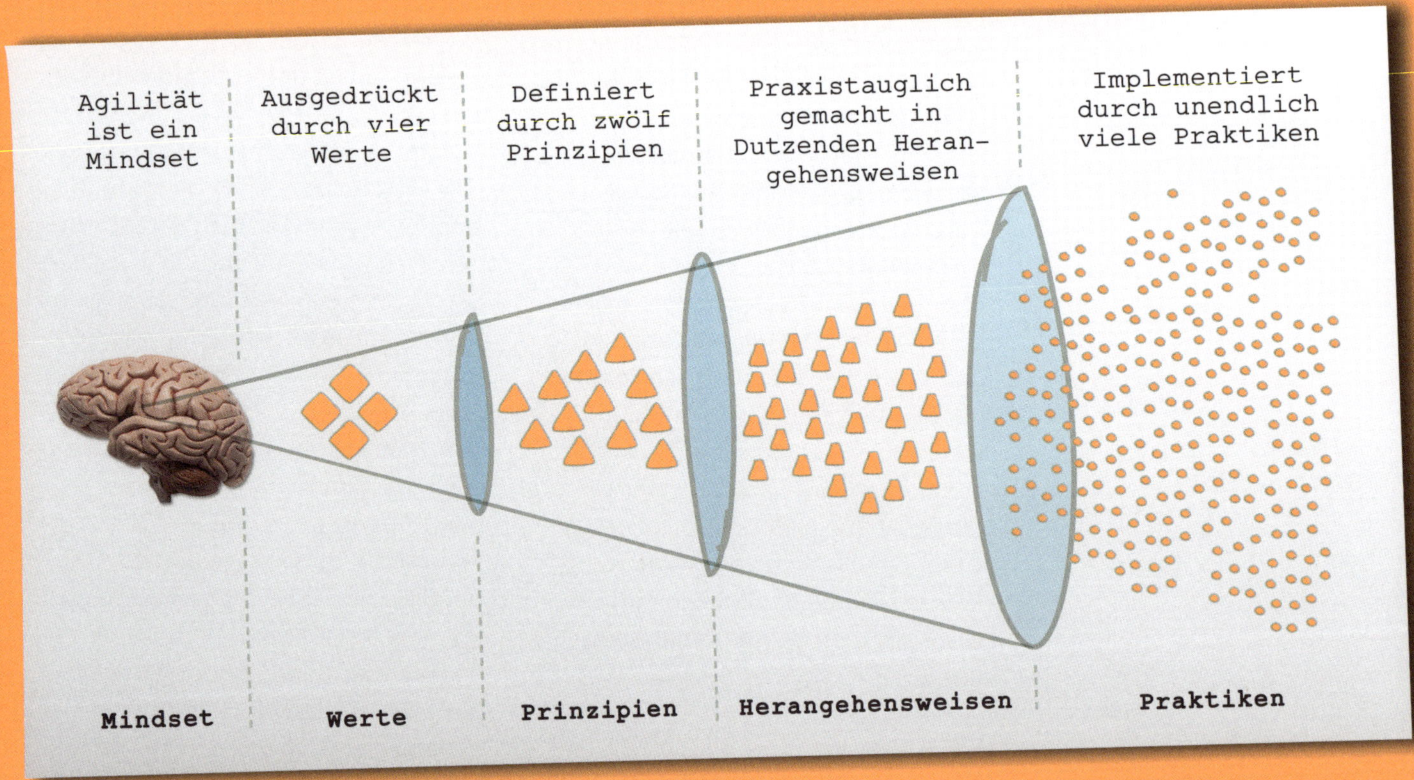

Das Agile Manifest lautet wie folgt[1]:

»Wir schätzen:

* **Menschen und Interaktionen** mehr als Prozesse und Werkzeuge.
* **Funktionierende Ergebnisse** mehr als umfassende Dokumentation.
* **Zusammenarbeit mit dem Kunden** mehr als Vertragsverhandlung.
* **Reagieren auf Veränderung** mehr als das Befolgen eines Plans.

Das heißt, obwohl wir die Werte auf der rechten Seite wichtig finden, schätzen wir die Werte auf der linken Seite höher ein.«

Das alles zusammen wird in der Praxis Agilität genannt. Man kann somit sagen, dass Agilität eigentlich sehr viele verschiedene Facetten hat. Das führt regelmäßig zu Sprachverwirrung, denn worüber sprechen wir nun eigentlich, wenn wir etwas »agil« nennen?

1. Der tatsächliche Text des Manifests spricht von Software und Softwareentwicklung. Da Agilität auf alle Formen wissensintensiver und nicht physischer Arbeit anwendbar ist, haben wir die verwendeten Formulierungen etwas allgemeiner gefasst. Den ursprünglichen Text des Manifests findet man auf *https://agilemanifesto.org/iso/de/manifesto.html.*

Die Reihenfolge der genannten Werte ist nicht willkürlich, auch wenn das nicht direkt ersichtlich ist. Die vier Werte bauen aufeinander auf:

- **Menschen und Interaktionen mehr als Prozesse und Werkzeuge.** Im ersten Schritt ist es wichtig, die Menschen und ihre gegenseitigen Interaktionen zu ordnen, denn dadurch lernen sie einander erst richtig kennen und verstehen. Sobald man einander versteht, kann man beginnen, gemeinsam als Team zu arbeiten.

- **Funktionierende Ergebnisse mehr als umfassende Dokumentation.** Wenn Teammitglieder einander verstehen, dann verwandeln sie dieses gemeinsame Verständnis in funktionierende Ergebnisse. Denn will man seine Ideen überprüfen, so gelingt das nur durch echtes Feedback zu realen Ergebnissen.

- **Zusammenarbeit mit dem Kunden mehr als Vertragsverhandlung.** Nun wird es wichtig, mit seinem Kunden zusammenzuarbeiten und die Ergebnisse kontinuierlich abzustimmen und zu verfeinern. Man sollte jedoch den Kunden erst dann einbeziehen, wenn man dessen Wünsche schnell in funktionierende Ergebnisse umsetzen kann. Andernfalls hat der Kunde das Gefühl, nicht gehört worden zu sein, und wird deshalb unzufrieden.

- **Reagieren auf Veränderung mehr als das Befolgen eines Plans.** Erst wenn die ersten drei Werte funktionieren, sind Sie in der Lage, schnelle Veränderungen vorzunehmen, wenn die Situation es erfordert. Erst jetzt kommt die Agilität ins Spiel. Sie fokussiert sich auf Kundenfeedback, wertvolle Ergebnisse und kurzfristige Lieferung. Auf Veränderungen zu reagieren ist gut, aber nur, wenn sie einen unmittelbaren Mehrwert für den Kunden bedeuten.

Der letzte Satz des Agilen Manifests lautet wörtlich: »Das heißt, obwohl wir die Werte auf der rechten Seite wichtig finden, schätzen wir die Werte auf der linken Seite höher ein.« In vielen Fällen interpretieren Menschen das Manifest im Sinne von: Die rechte Seite ist schlecht, die linke Seite ist gut. Oder manchmal noch schärfer: Die linke Seite ist agil, die rechte Seite ist nicht agil. Doch auch das ist Unsinn. Auch in der rechten Seite steckt Wert. Lesen Sie sich den letzten Satz noch einmal durch. Auch die rechte Seite ist wichtig, um agil zu sein. Doch worin besteht dieser Wert? Was ist an den Dingen auf der rechten Seite wertvoll? Das, was dort benannt wird, ist Voraussetzung für die Dinge auf der linken Seite. Die rechte Seite gibt es also, um die linke zu unterstützen. An den Dingen auf der rechten Seite (z.B. Prozesse, Pläne oder Dokumentation) ist nichts verkehrt, solange sie zur linken Seite beitragen, also zum Beispiel, um Interaktion zu schaffen oder Ergebnisse zu erzielen.

Die vier Werte des Agilen Manifests stellen ein wichtiges und sehr praktisches Hilfsmittel dar. Sie können Ihnen helfen, Ihre ersten intuitiven Reaktionen zu überprüfen. Stellen Sie sich zum Beispiel die Frage, ob eine ergriffene Maßnahme auf die rechte oder linke Seite der Werte gehört. Und fragen Sie sich dann, wie es vielleicht »noch agiler« geht. Das steht nämlich auf der linken Seite.

Sind Sie dabei, Maßnahmen auf der rechten Seite umzusetzen, sollten Sie sich fragen, ob damit der linken Seite gedient ist. Falls ja, dann ist alles gut. Falls nicht, dann sollten Sie das besser lassen. Verbessert ein Tool die Interaktion? Dann ist es eine gute Idee, es einzuführen. Sorgt ein Tool dafür, dass Menschen nicht mehr miteinander reden müssen? Dann tun Sie sich damit vielleicht keinen Gefallen. Oder: Hilft ein Dokument dabei, schnell den nächstfolgenden Schritt zu klären? Klasse Dokument! Erstellen Sie vielleicht erst monatelang eine sehr umfangreiche Dokumentation, ehe Sie eine erste Version des Produkts entwickeln? Dann ist das wahrscheinlich eine ziemlich schlechte Idee.

1.4 WANN AGILITÄT NUTZEN UND WANN NICHT?

Agilität ist keine *silver bullet*. Sie ist nicht die Lösung für alle Probleme. Agilität passt zu Situationen, in denen viel Unsicherheit herrscht, in denen sich noch viel verändert und es noch viel zu entdecken gibt. Solche Situationen nennt man komplex. Vorher weiß man, dass sich noch viel verändern wird, und hinterher ist immer völlig klar, wie man es eigentlich hätte machen müssen. Die Entscheidung, ob der Einsatz von Agilität hilfreich ist oder nicht, hängt vom Maß an (Un-)Sicherheit ab. Agilität hilft vor allem dann, wenn die Aufgaben komplex und nur schwer im Voraus zu planen sind. Eine Alternative zur Agilität stellt Lean dar. Lean hilft vor allem dann, wenn die Aufgaben klarer sind. Sie können dabei immer noch reichlich kompliziert sein. Dennoch ist es möglich, durch Wiederholungen die Arbeit in den Griff zu bekommen und planbar zu machen.

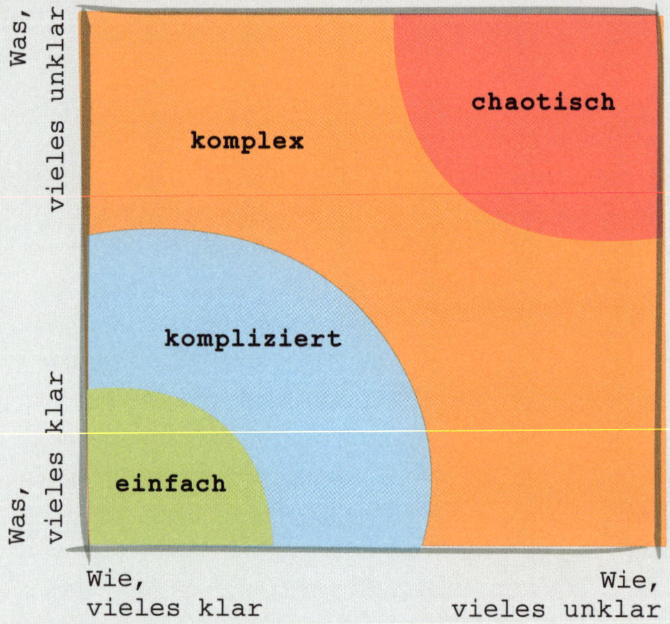

Das Ralph-Stacey-Modell

Der beste Weg, um zu erklären, wann Agilität sinnvoll ist und wann nicht, ist das Modell von Ralph Stacey. Dieses Modell beschreibt die verschiedenen Situationen, die entstehen können, wenn die Sicherheit darüber, was erforderlich ist, kleiner wird und die Sicherheit darüber, wie es umgesetzt werden kann, abnimmt. Ob agiles Arbeiten eine gute Wahl ist, hängt sehr stark von diesem Maß an (Un-) Sicherheit ab:

- *Einfache Situationen*: Es ist klar, was gebraucht wird und wie das erreicht werden kann. Einfache Situationen sind zum Beispiel das Backen eines Kuchens, Fahrradfahren oder Schwimmenlernen. Es besteht eine sehr klare Beziehung zwischen dem Was und dem Wie. Wenn man einer festen Anzahl von Schritten folgt, führt das zum gewünschten Ergebnis. Wie das geht, ist bekannt, was bedeutet, dass es Best Practices gibt, die man von einem

Lehrer lernen kann. Das funktioniert praktisch immer. Wer noch nicht weiß, wie man sich in einfachen Situationen verhält, der sucht sich einen Lehrer oder Trainer, der es ihm vermittelt.

- *Komplizierte Situationen*: Sie entstehen, wenn die Unsicherheit rund um das Was und Wie zunimmt. Es ist noch einigermaßen klar, was gebraucht wird und wie das erreicht werden kann, doch feste Garantien für das Gelingen können nicht mehr gegeben werden. Dann lohnt es sich, vorab detailliert zu analysieren, was genau die Anforderungen sind. Je genauer das *Was* durchdacht und spezifiziert ist, desto größer sind die Erfolgsaussichten. Denken Sie beispielsweise an die Auswahl einer technischen Plattform, das Erstellen einer medizinischen Diagnose oder die Reparatur einer komplizierten Apparatur. All das sieht auf den ersten Blick kompliziert aus, doch wenn gut ausgebildete Fachleute vorab eine gründliche Analyse vornehmen, dann gelingt es ihnen fast immer, ein gutes Ergebnis zu erzielen. Die Erfolgsrate des *Wie* kann durch erhöhte Aufmerksamkeit, Training, Einsatz von Fachwissen, Automatisierung und/oder Standardisierung erhöht werden. Komplizierte Arbeit ist in der Regel repetitiv. Wiederholte Ausführung führt dabei zu kontinuierlicher Verbesserung. Deshalb passt die Optimierung mit Lean hervorragend zu komplizierten Umgebungen. Experten und Berater, die recherchieren und eine gezielte Lösung vorschlagen, passen folglich zu komplizierten Situationen. Komplizierte Arbeit ist im Voraus planbar.

- *Komplexe Situationen*: Davon ist die Rede, wenn das *Was* und das *Wie* noch unsicherer werden. Das Charakteristische an einer komplexen Situation ist, dass sie immer anders ausfällt, als man vorher erwartet hat. Es herrscht im Vorfeld nämlich mehr Unsicherheit als Sicherheit. Es sind zu viele voneinander abhängige Variablen im Spiel. Denken Sie beispielsweise an ein großes Projekt, in das viele Menschen und Interessengruppen involviert sind, wie beispielsweise das Entwickeln neuer IT-Systeme oder die Fusion zweier Unternehmen. Man hat zwar eine Vorstellung davon, was erreicht werden soll und wie das in etwa funktionieren könnte, und doch entwickeln sich die Dinge immer anders, als man im Vorfeld denkt. Allerdings lässt sich in komplexen Situationen rückblickend immer sehr gut erklären, warum das genau so gekommen ist. Und man weiß dann auch, wie man es mit dem Wissen von heute eigentlich hätte angehen müssen. In komplexen Situationen ist es deshalb das Beste, in kleinen Schritten zu entdecken, was genau gebraucht wird und wie das erreicht werden kann: experimentieren und entdecken, und auf der Basis von Zwischenergebnissen lernen und den Kurs anpassen. Komplexe Situationen sind deshalb bestens für agiles Vorgehen geeignet. Zu komplexen Situationen passt es, den Mut zu haben, auf Ent-

Die Antwort auf die Frage, wann Agilität zum Einsatz kommt und wann nicht, ist einzig und allein von der Situation abhängig. Ist diese kompliziert oder komplex? Komplexe Situationen eignen sich sehr gut für agiles Vorgehen.

deckungsreise zu gehen – zusammen mit einem Coach, der dabei unterstützt. Komplexität ist also im Vorfeld nicht planbar, doch rückblickend noch zu erklären.

- *Chaotische Situationen*: Davon spricht man, wenn das *Was* und das *Wie* völlig unklar sind. Denken Sie beispielsweise an große Unfälle oder Kriegssituationen. Solche Situationen sind im Voraus nicht vorhersehbar und lassen sich im Nachhinein nur bedingt erklären. Dann spielen Begriffe wie Pech und Glück eine wichtige Rolle. Agiles Vorgehen kann unter Umständen hilfreich sein, doch in chaotischen Situationen geht es in erster Linie ums Handeln. Es geht darum, etwas zu tun. Aus einem Chaos will man heraus, deshalb ergreift man so koordiniert wie möglich Maßnahmen, um so schnell wie möglich einen anderen Zustand zu erreichen. Führung spielt in derartigen Situationen eine entscheidende Rolle.

Die Antwort auf die Frage, wann Agilität zum Einsatz kommt und wann nicht, ist einzig und allein von der Situation abhängig. Ist diese kompliziert oder komplex? Komplexe Situationen eignen sich sehr gut für agiles Vorgehen. Die Dinge laufen nämlich immer anders, als man erwartet. Genau dann kommt Agilität voll zur Geltung. Agilität hilft, einen Weg zu finden, wenn man Dinge zum ersten Mal macht. Agilität setzt man in Situationen ein, die sich nicht wiederholen und in denen erst rückblickend klar ist, wie es hätte sein sollen und was eigentlich gewünscht war. Deshalb: kleine Schritte machen und den Lernprozess mit kurzen Zyklen und iterativ gestalten.

Wenn die Situation kompliziert ist und sich daher wiederholt, ist zunächst der Einsatz von Lean sinnvoller. Lean unterstützt beim Optimieren sich wiederholender Prozesse und dem damit verbundenen Lernen. Lean setzt man in Situationen ein, die von sich aus schon repetitiv sind, beispielsweise bei betrieblichen Prozessen oder Produktionslinien, vor allem in der Fertigungsindustrie oder im Dienstleistungssektor. Dabei ist das Ziel von Lean und Agilität eigentlich identisch: erfolgreich sein und sich auf der Basis von Erfahrung ständig verbessern.

Tatsächlich verändert sich unsere Gesellschaft in einer Weise, dass immer mehr komplexe Situationen entstehen. Alles wird ständig schneller und digitaler. Durch Automatisierung verschwinden viele einfache und komplizierte Aufgaben. Doch etwas zu automatisieren, ist wieder eine komplexe Aufgabe. Infolgedessen werden immer mehr Umgebungen komplex und es gibt auch immer mehr komplexe Aufgaben. Das erklärt, weshalb Agilität immer häufiger und breiter zum Einsatz kommt. Denn agiles Vorgehen kann gut mit Komplexität und Veränderung umgehen.

2

GEHT ES IN DIE RICHTIGE RICHTUNG?

AGILITÄT IST AUF DEM BESTEN WEG, ZUR MEISTGENUTZTEN ARBEITSWEISE ZU WERDEN. DIE MEISTEN FORMEN DER ZUSAMMENARBEIT BASIEREN INZWISCHEN AUF AGILITÄT. VIELE UNTERNEHMEN ARBEITEN DARAN, PRODUKTE UND DIENSTLEISTUNGEN AUF ITERATIVEM WEG SCHNELLER ZU LIEFERN. DAMIT GEHEN SIE DEN ERSTEN SCHRITT HIN ZU AGILEM ARBEITEN UND ERFAHREN SOFORT DIE VORTEILE.

Agilität ist ein Mindset, das zwar leicht zu verstehen, aber zu Beginn sehr schwierig anzuwenden ist. Feste Muster müssen durchbrochen werden und bestehende Automatismen bieten nicht länger Sicherheit. Das liegt nicht so sehr am agilen Vorgehen selbst, sondern vor allem an denen, die es anwenden. Die Vorgehensweise an sich erledigt keine Arbeit. Es sind die Menschen, die die Arbeit verrichten.

Agilität ist anfangs sehr anstrengend

Obwohl es einfach ist, mit agilem Arbeiten zu beginnen, scheint es in der Praxis in vielen Fällen doch nicht so leicht zu sein, es gut anzuwenden. Das bedeutet zum Beispiel, dass die versprochenen Qualitäts- und Produktivitätsverbesserungen nicht sofort umgesetzt werden. Häufige Ursache dafür ist ein unvollständiges Bild von Agilität. Denn Agile ist ein Mindset, das zwar leicht zu verstehen, aber zu Beginn sehr schwierig anzuwenden ist. Feste Muster müssen durchbrochen werden und bestehende Automatismen bieten nicht länger Sicherheit. Das liegt nicht so sehr am agilen Vorgehen selbst, sondern vor allem an denen, die es anwenden. Die Vorgehensweise an sich erledigt keine Arbeit. Es sind die Menschen, die die Arbeit verrichten.

Agilität erfordert grundlegende Veränderungen

Agilität wird häufig als etwas IT-Spezifisches betrachtet. Also nichts für mich oder für uns, denn wir arbeiten ja nicht in der IT. Oder der erste Eindruck ist, dass man das alles schon mal gehört hat: also alter Wein in neuen Schläuchen. Sicher, wenn Agilität lediglich wie eine dünne Farbschicht über bestehende Prozesse gelegt wird, kann es natürlich die versprochenen Qualitäts- und Produktivitätsverbesserungen nicht liefern. Denn dafür sind wirklich grundlegende Veränderungen erforderlich, wie:

- Ideen schnell in Ergebnisse überführen,
- nach Wert priorisieren,
- Feedbackschleifen verkürzen,
- Teams selbstorganisiert aufstellen,
- in kurzen Zyklen und iterativ besser werden,
- kontinuierlich funktionierende Ergebnisse liefern.

Viele Unternehmen versuchen, auf der Welle des agilen Hypes mitzuschwimmen. Deshalb ist es ratsam, auch weiterhin kritisch zu hinterfragen, in welchem Maße tatsächlich agil gearbeitet wird. Oder noch besser: inwieweit eine agile Haltung (Mindset) wirklich gelebt wird. Beispielfragen, mit deren Hilfe man schnell erkennen kann, wie agil man wirklich ist, finden sich in Abschnitt 2.1.

Agilität erfordert Orientierung

Mit diesen Fragen können Sie testen, ob ein Unternehmen Agilität verstanden hat und ob die zu erwartenden Vorteile auch eintreten werden. Denn eine kritische Betrachtung der praktischen Umsetzung von Agilität wird immer wichtiger. Da sie sich allmählich zur meistgenutzten Arbeitsweise entwickelt, muss sichergestellt sein, dass agiles Vorgehen in einer vernünftigen Weise eingesetzt wird. Nur dann können die versprochenen positiven Effekte erzielt werden.

2.1 SIEBEN FRAGEN, UM HERAUSZUFINDEN, WIE AGIL MAN IST

1 **Wie lang sind Iterationen (Sprints) und weshalb haben sie diese Länge?**
Iterationen haben immer die gleiche Länge. Die meisten Unternehmen arbeiten mit Sprints von ein, zwei oder drei Wochen Länge, das bedeutet, innerhalb kurzer Zeit etwas fertigstellen und bei der Arbeit lernen. Auf diese Weise wird im Unternehmen ein Takt erzeugt, der fortlaufend für Rhythmus, Klarheit und Vorhersagbarkeit sorgt. Die Länge der Sprints bleibt immer gleich und wird auf Basis der erforderlichen Flexibilität festgelegt. Je mehr Flexibilität gebraucht wird, desto kürzer müssen die Sprints sein.

2 **Wie vollständig sind die Ergebnisse einer Iteration?**
Es ist von entscheidender Bedeutung, dass die Ergebnisse einer Iteration auch wirklich fertig sind. Fertigstellung und Test finden deshalb auch innerhalb des Sprints statt. Automatische Tests auf Qualität und Vollständigkeit sind dafür unabdingbar. Ist zwischenzeitlich wirklich etwas fertig oder ist nur die Rede von Zwischenergebnissen und alles wird doch erst am Ende des allerletzten Sprints geliefert?

3 **Darf ich die Planungsboards der Teams ansehen?**
Agile Teams visualisieren ihre Planung und den Fortschritt durch den aktiven Einsatz von Boards und Post-its©. Diese Boards vermitteln einen guten Eindruck, inwieweit ein Team agil arbeitet. Beobachten Sie zum Beispiel, wie aktiv die Boards und Planungen für Interaktionen genutzt werden und ob auch ein deutlich sichtbarer Zeitpunkt für Abnahme/Kontrolle ausgewiesen ist. Gibt es zum Beispiel eine Spalte mit der Bezeichnung »Bereit«, »Im Test« oder »Geprüft und genehmigt«? Wird aktiv vorausgeschaut? Ist das Board für das Team ein effektives Hilfsmittel? Und wenn das Team stattdessen ein Tool benutzt, wie aktiv wird dieses eingesetzt? Ist es ein Hilfsmittel für Interaktion oder eher eine Datenbank, um Informationen abzulegen?

4 **Wie sorgen Sie dafür, dass der höchste Geschäftswert zuerst geliefert wird?**
Versuchen Sie herauszufinden, wie priorisiert wird und inwieweit versucht wird, maximalen Wert bei minimalem Aufwand zu liefern. Auf welche Weise sind die Kunden involviert? Bleibt alles am Product Owner hängen? Und inwiefern wird der erwartete mit dem wirklich gelieferten Geschäftswert verglichen?

5 Welche Themen stehen in der Definition of Done (DoD)?
Aufgaben innerhalb eines jeden Sprints wirklich fertigzustellen, ist eine entscheidende Voraussetzung für agiles Arbeiten. Deshalb muss dieses »fertig« sehr klar formuliert und explizit festgelegt werden. Das ist die Definition of Done (DoD). Wird diese Liste von Qualitätskriterien nicht benutzt, ist es beinahe unmöglich, Qualität zu garantieren. Wenn eine DoD nicht benutzt oder nicht gepflegt wird oder gar nicht existiert, führt das fast immer zu Problemen. Die DoD ist ein wichtiges Hilfsmittel, um dafür zu sorgen, dass Sprints Ergebnisse liefern, die wirklich fertig sind. Fragen Sie deshalb nach, ob eine DoD existiert und genutzt wird.

6 Auf welche Weise werden alle Stakeholder aktiv einbezogen?
In komplexen Umgebungen existiert eine Vielzahl von Stakeholdern. Ihr Feedback und ihre Mitwirkung sind von entscheidender Bedeutung, um agil zu sein. Sind zu einem Review-Zeitpunkt nur sehr wenige Stakeholder anwesend, ist das oft ein Zeichen dafür, dass es noch kein wirkliches Feedback gegeben hat, dieses aber später auf jeden Fall noch kommen wird. Schauen Sie sich also an, in welchem Maße Stakeholder einbezogen sind. Das ist ein sehr gutes Indiz dafür, in welchem Umfang ein Team Kundennutzen liefert und auf seiner Basis Kurskorrekturen vornimmt.

7 Wie wird jede folgende Iteration wirklich besser als die vorangegangene?
Teams können jede Iteration dazu nutzen, zu lernen, wie die folgende Iteration noch besser verlaufen kann. Schauen Sie sich deshalb die Verbesserungsmentalität in den Teams an. Sind Teams bewusst dabei zu lernen oder schlängeln sie sich durch irgendwelche Prozesse? Wenn Teams in jedem Sprint aktiv entdecken wollen, wie der folgende noch besser werden kann, dann werden mit der Zeit ihre Leistungen steigen. Versuchen Sie also herauszufinden, inwieweit Teams aktiv danach suchen. Neben der Suche nach Verbesserungen kommt es natürlich auch darauf an, dass diese eingeführt werden. Tun die Teams das? Setzen sie Verbesserungsvorschläge in Maßnahmen um?

Wendig, gelenkig und fit wird man nicht von alleine. Dafür muss man schon etwas tun.

2.2 BERICHTERSTATTUNG MITTELS METRIKEN

Mit der Einführung von agilen Vorgehensweisen verändert sich der Blick auf Fortschritt und Erfolg beträchtlich. Es entsteht eine völlig andere Art von Steuerung, zu der folglich auch andere Metriken gehören. Solche Metriken können den Arbeitsfortschritt sichtbar machen und in Reports aufgenommen werden. Einige in der Praxis genutzte Metriken sind die folgenden:

- **Velocity**. Die *Velocity* (Geschwindigkeit) wird gemessen, indem zum Beispiel die Anzahl relativer Punkte (*Story Points*) je Sprint festgehalten wird (siehe auch Kapitel 20). Das Messen der Velocity soll verhindern, dass sich ein Team in einem Sprint »übernimmt«. Jeder Sprint muss zu fertigen Ergebnissen führen. Dieses Ziel ist gefährdet, sobald sich ein Team für eine Iteration zu viel Arbeit vornimmt. Dadurch ist ein Sprint schon von vornherein voller Risiken. Deshalb also wird die Velocity gemessen: Teams, die ihre eigene Velocity kennen, können genau so viel Arbeit annehmen, wie sie schaffen können. Gleichzeitig ist die Velocity die Metrik, die in der Praxis am häufigsten missbraucht wird. Nach dem Motto »Je mehr Punkte, desto besser« wird streng darauf geachtet, dass die Velocity eines Teams auch wirklich steigt, denn das ist doch schließlich das Versprechen von Agilität? Oder noch schlimmer: Manchmal wird sogar eine generische Velocity-Metrik eingerichtet, um Teams untereinander vergleichen zu können. Welches Team schneidet am besten ab und welches am schlechtesten? Doch dafür ist die Velocity überhaupt nicht gedacht. Tatsächlich ist das ein Missbrauch der Metrik und auf diese Weise wirkt sich ihr Einsatz kontraproduktiv aus.
- **Happiness**. *Happiness* ist genau wie die Velocity eine typische agile Metrik. Happiness wird auf viele verschiedene Arten (z. B. mithilfe von Zahlen, Smileys, Punkten und dem Net Promoter Score) und für viele Rollen (Product Owner, Team, Stakeholder, Kunden, Anwender) gemessen. Die Bezeichnung kann zu einer Hippie-Atmosphäre verleiten, so als ob jeder »happy« werden muss. Natürlich ist Zufriedenheit von Menschen wichtig, doch letztendlich geht es immer um Wert, Schnelligkeit, Wirksamkeit und Nutzen. Happiness kann dabei unterstützen, sollte jedoch nie die einzige Metrik sein. Auch agiles Arbeiten kostet Geld, und wenn der einzige Nutzen dieser Investition darin besteht, dass Menschen glücklich werden, dann ist das nicht nachhaltig.
- **Produktivität**. Diese Metrik ist viel geeigneter, um die Leistung eines Teams zu messen. Bei Produktivität geht es um den Wirkungsgrad: geliefer-

ter Wert im Verhältnis zum Aufwand. Beispielsweise Gewinn pro Sprint oder Geschäftswert pro Stunde. Im Sinne der Produktivität lohnt es sich, die Arbeit in kleinere Aufgabenpakete zu unterteilen. Welches davon liefert den größten Wert? Dieses sollte zuerst umgesetzt werden und das weniger wertvolle später. Damit verschiebt sich das Verhältnis hin zu höherem Wert bei geringerem Aufwand. So steigt sofort die Produktivität. Agile Teams brauchen eine geeignete Produktivitätsmessung. Diese sollte sich jedoch immer auf das Verhältnis zwischen Wert und Aufwand beziehen. Das Ziel der Produktivitätsmessung ist, mit möglichst wenig Aufwand so viel Wert wie möglich zu liefern. Deshalb Vorsicht mit Output-Metriken (Anzahl Produkte, Anzahl Kunden, Anzahl Anrufe usw.) Denn Out*put* liefert keinen garantierten Wert. Es geht um Out*come*: die Wirkung für den Kunden, also den Wert. Und das alles wird in Relation zum Aufwand gesehen. Das bestimmt den Wirkungsgrad.

- **Wert**. Am Ende dreht sich alles um den Wert. Es gibt verschiedene Arten von Wert, die aber eine Gemeinsamkeit haben, dass sie alle messbar gemacht werden können. Das Beste ist, wenn man den Wert in Geld ausdrücken kann. Doch selbst wenn er sich nur in relativen Punkten ausdrücken lässt, ist das immer noch besser als nichts. Messen von Wert gehört zu den wesentlichen Grundlagen agilen Arbeitens, und zwar von Anfang an. Vor allem Product Owner sind hier in der Verantwortung.

- **Energie**. Happiness wird nachträglich gemessen, und das ist immer zu spät. Ein wichtiges Vorzeichen für Happiness ist – Energie. Zum Beispiel das Energieniveau eines Teams, des Product Owners oder der Stakeholder. Diese Energie ist ein Indikator für zukünftige Resultate. Wenig Energie führt in der Regel zu enttäuschenden Ergebnissen und damit zu wenig Happiness. Umgekehrt können Teams mit viel Energie Berge versetzen. Energie wird häufig in Zahlen oder relativen Werten gemessen. Es gibt sogar ein Team, das Energie im Freek-Vonk-Index misst (siehe das Foto auf der rechten Seite).

- **Autonomie**. Je unabhängiger ein Team von der Umgebung ist, desto größer ist die Chance auf vorhersagbare Ergebnisse und schnellen Mehrwert. Schließlich haben die Teammitglieder dann alles unter eigener Kontrolle. Um dies zu verdeutlichen und schrittweise zu verbessern, kann es sinnvoll sein, den Grad der Autonomie zu messen. Zum Beispiel indem die Beziehung zwischen Aktivitäten in einem Sprint, die unabhängig voneinander durchgeführt werden können, und Aktivitäten, bei denen andere benötigt werden, bestimmt wird. Oder indem Sie beobachten, wie viele Teams es im gesamten Ablauf bis zur Fertigstellung der Arbeit braucht. Je mehr Teams, desto geringer ist die Autonomie. Dabei geht es nicht so sehr um die Zahl an sich, sondern darum, in welchem Maße sie sich verändert. Suchen Sie permanent nach Wegen, wie die Autonomie der

Teams erhöht werden kann. Welche Maßnahmen können ergriffen werden, um Abhängigkeiten weiter zu reduzieren? Wenn ein Team zu 100 Prozent von anderen Teams unabhängig ist, dann steht Agilität und Geschwindigkeit nichts mehr im Wege – außer innerhalb des Teams selbst, aber daran können die Teammitglieder unabhängig von anderen Teams selbst arbeiten.

- **Fokus**. Es braucht eine Metrik, die die Durchlaufzeit misst, denn letztlich hängt die Geschwindigkeit immer von der Durchlaufzeit zwischen der Idee und dem fertigen Ergebnis ab – *from concept to cash*. Deshalb messen viele Unternehmen die Durchlaufzeit. Der Nachteil dabei ist, dass diese Zahl nichts darüber aussagt, ob es noch Potenzial gibt. Geht es noch schneller oder ist die Grenze erreicht? Eine Alternative dazu ist das Messen von Fokus. Wird fokussiert am Wichtigsten gearbeitet oder wechselt die Aufmerksamkeit ständig, ohne dass etwas fertiggestellt wird. Fokus misst das Verhältnis zwischen der erforderlichen und der wirklichen Durchlaufzeit. Wenn eine Aufgabe zum Beispiel eine reale Durchlaufzeit von zwanzig Stunden hat und zwei Wochen dauert, dann liegt der Fokusindex bei 25 Prozent. Die Durchlaufzeit selbst führt nicht zu der Erkenntnis, dass es viermal schneller gehen könnte. Der Fokus-Index aber liefert sehr wohl diese Information. Diese Metrik eignet sich zudem nicht nur für die Arbeit innerhalb eines Sprints, sondern vor allem für die Messung der Gesamtdauer, die ein Thema braucht, das innerhalb mehrerer Sprints bearbeitet wird (Epic). Je fokussierter ein Team arbeitet (genau eine Sache so schnell wie möglich nach »fertig« (*done*) bewegen), desto besser ist der Fokus-Index.

Der Freek-Vonk-Index

3

FLEXIBILITÄT DURCH FERTIGSTELLEN

BEIM AGILEN ARBEITEN DREHT SICH ALLES UM DAS SCHNELLE FERTIGSTELLEN VON ERGEBNISSEN INNERHALB VON ITERATIONEN. DAS LÄSST SICH NICHT IN JEDER UMGEBUNG GLEICHERMASSEN EINFACH REALISIEREN. DIVERSE FAKTOREN WIE BEISPIELSWEISE ABHÄNGIGKEITEN VON ANDEREN TEAMS ODER ZULIEFERERN KÖNNEN DABEI MITUNTER EINE ROLLE SPIELEN. DAS GLEICHE GILT FÜR KUNDEN UND ANDERE STAKEHOLDER, DIE WEDER EINER ZUSAMMENARBEIT IN KURZEN ZYKLEN OFFEN GEGENÜBER STEHEN NOCH ÜBER REGELMÄSSIGE LIEFERUNGEN BEGEISTERT SIND.

Der Kern agilen Arbeitens sind kleine Schritte

Manchmal wird die Unfähigkeit, Arbeit wirklich abzuschließen (*done*), sogar zum entscheidenden Engpass eines Unternehmens. Denn wenn zwischenzeitlich nichts fertig wird, wird nicht iterativ gearbeitet. Doch der Kern agilen Arbeitens ist genau das: Arbeit in kleinen Schritten fertigstellen, sodass daraus gelernt werden kann. Wenn das tatsächliche Liefern zum Engpass wird, dann stellt sich die Frage: Wie können wir das Fertigstellen von Arbeit strukturell beschleunigen?

Integrierte End-to-End-Teams

Viele Organisationen trennen strikt zwischen Verändern (*change*) und Umsetzen (*run*). Diese Trennung ist für sich genommen erst einmal logisch. Sie verdeutlicht, wer Verantwortung trägt für Erneuerung (*changing the business*) und wer für das Liefern von Endergebnissen (*running the business*). Deshalb gibt es Menschen, die Arbeitsweisen anpassen und einführen oder andere darin schulen. Daneben gibt es Menschen, die Prozesse ausführen, Arbeitsweisen nutzen und die Arbeit konkret erledigen. Doch mit der Einführung von agilen Vorgehensweisen gerät diese Trennung häufig unter Druck. Durch den iterativen Charakter von Agilität liefern Change-Teams so häufig Anpassungen, dass die Run-Teams sie kaum noch ausführen können. Die Folge davon ist ein wachsender Berg neuer Arbeitsweisen, Prozesse und Systeme, die einfach nicht genutzt werden. Oder das Gegenteil tritt ein: Die Run-Teams erkennen Verbesserungspotenziale für ihre Kunden, dürfen sie jedoch allein nicht umsetzen, und die Change-Teams sind zu sehr mit anderen Veränderungen beschäftigt, die sie selbst für wichtiger halten. Diese strikte Trennung zwischen Change- und Run-Teams ist für beide Seiten unerfreulich. Als Konsequenz daraus geht man zu integrierten End-to-End-Teams über: agile Teams, in denen sowohl Veränderung (*Change*) als auch Umsetzung (*Run*) gleichermaßen stattfinden. Das ist eine ausgezeichnete Lösung, auch wenn die Umsetzung nicht immer einfach ist.

Probleme aufspüren, statt sie zu verstecken

Der einzige Weg, richtig gut im Fertigstellen von Dingen zu werden, besteht darin, es sehr häufig zu tun. Dieses Prinzip gilt für viele Aspekte von Agilität. Wenn man etwas schwierig findet, sollte man es viel öfter tun, denn so wird man schneller gut darin. Das steht komplett im Widerspruch zu der Art, wie viele Organisationen (und Manager!) arbeiten. Sie

versuchen, Schwierigkeiten wenn möglich zu vermeiden. Die Probleme verschwinden dann nicht, sondern werden umgangen oder versteckt. Die wirkliche Lösung liegt im Angriff, das bedeutet: etwas häufiger tun und Meisterschaft darin erlangen. Die Praxis zeigt zudem, dass es viel geschickter ist, sehr oft viele kleine Dinge fertigzustellen. Denn das ist einfacher und die Chancen, dass etwas schiefgeht, sind geringer. Dadurch sind Probleme kleiner, treten früher zutage und können schneller gelöst werden.

Das klingt einfacher, als es ist. Die gegenseitige Abhängigkeit zwischen Teams, Abteilungen, Menschen und Systemen ist in der Praxis oft so groß, dass es unmöglich ist, einzelne Dinge separat abzuschließen. Immer wieder wird noch jemand benötigt oder es müssen an anderer Stelle auch Anpassungen vorgenommen werden. Das ist ein grundsätzliches Problem! Arbeiten in kurzen Zyklen führt oft dazu, dass Organisationen beginnen, unter ihren versteckten Dysfunktionen zu leiden. Und das ist gut so, denn so werden sie sichtbar und können an der Wurzel angepackt und gelöst werden. Gegenseitige Abhängigkeit verzögert den Prozess und behindert die Autonomie. Auftrennen ist dann die einzig richtige Herangehensweise, auch wenn das zunächst sehr schwierig zu sein scheint. Aber auch das kann schrittweise erfolgen und liefert sofort messbare Vorteile (siehe Abschnitt 3.2). Zudem sorgt jede kleine Verbesserung, durch die sich die Liefergeschwindigkeit erhöht, für zusätzliche Zeit und Raum, um die nächsten Verbesserungsschritte anzugehen.

Der Rat lautet: schnell beginnen

Das Erhöhen der Liefergeschwindigkeit ist eine Investition, die Zeit und Geld kostet. Und es ist anfangs oft anstrengend. Doch leider gibt es dazu keine Alternativen. Schnell damit zu beginnen, ist deshalb äußerst ratsam. Das bedeutet, fokussiert Abhängigkeiten zwischen unabhängigen Themen zu beseitigen und so Autonomie zu schaffen, sodass Dinge unabhängig voneinander fertiggestellt und geliefert werden können. Und zwar am besten durch die agilen Teams selbst, ohne strikte Trennung zwischen Change und Run, denn am Ende dreht sich immer alles um den Kunden. Es geht darum, dass der Kunde schnell Verbesserungen sieht und die Vorteile der Veränderungen sofort erfahren kann. Veränderung und Umsetzung in selbstorganisierten *End-to-End-Teams* zu kombinieren, ist dafür ein sehr guter Schritt.

3.1 SECHS KONKRETE MASSNAHMEN ZUR BESCHLEUNIGUNG DER ARBEIT

1 Fertigstellen als zentrales Thema

Erledigen Sie alles in kleinen Schritten und stellen Sie alle Aktivitäten in den Dienst des Lieferprozesses. Die beste Art, einen Engpass zu beseitigen, besteht darin, ihn zum zentralen Thema zu machen. So stehen alle anderen Aktivitäten im Dienste des Lieferprozesses, der mit militärischer Präzision gemanagt wird. Das kann sich zwischenzeitlich als Lösung erweisen, ändert jedoch nichts am Kernproblem. Auf lange Sicht ist dieses Vorgehen oft unzureichend.

2 Auseinanderschneiden und Auftrennen

Die fundamentalste Maßnahme ist das Auseinanderschneiden großer Systeme (Unternehmen oder Abteilungen) in Komponenten, die sich gegenseitig mit Services beliefern, die unabhängig voneinander freigegeben werden können. Die Festlegung und Ausführung dieses Schnittes ist ein Architekturproblem. Das Auftrennen bringt zusätzlich den Vorteil mit sich, dass das Ganze, also die Kombination der autonomen Teile, verlässlicher wird. Ein Problem in einem dieser Teile hat nun nicht mehr zur Folge, dass alles zum Erliegen kommt. Zudem wird deutlich, an welcher Stelle etwas schiefgegangen ist, sodass das Problem schneller beseitigt werden kann.

3 Häufige und kleine Lieferungen

Es ist nicht per se nötig, häufiger zu liefern, sondern es geht vor allem um kleinere Lieferungen. Fokussieren Sie sich auf das Fertigstellen kleinerer Arbeitspakete. So wird viel schneller klar, ob etwas funktioniert oder nicht, und was der Grund dafür ist. Das Motto ist: »Release small, fail fast.« Auf diese Weise wird häufiger geliefert, einfach weil es möglich ist. Einzelne Teile zu liefern, automatisiert zu testen und freizugeben wird dann immer wichtiger.

4 Alles automatisieren

Versuchen Sie, alle Lieferschritte so gut und vollständig wie möglich zu automatisieren. Schaffen Sie Self-Service-Umgebungen, mit deren Hilfe die Teams alle Arbeiten selbstständig und ohne die Unterstützung anderer erledigen können. Lassen Sie zum Beispiel einen Mitarbeiter im Bereich Operational Services (Ops) für alle Aktivitäten, die er vor einer Lieferung aus-

führt, Tools erstellen, sodass die Teams die Lieferungen selbst ausführen können. Die Rolle des Ops-Mitarbeiters verschiebt sich dadurch vollständig: Er muss die Lieferschritte nicht mehr länger selbst ausführen, sondern kann für andere Liefertools erstellen. Faktisch bedeutet das, dass sich die unterstützenden Teams selbst »wegautomatisieren« und sich künftig darum kümmern, Problemen vorzubeugen, statt sie im Nachhinein zu beheben.

Vollständige Unabhängigkeit

Sorgen Sie für Autonomie der Teams und lassen Sie sie ihre eigene Arbeit liefern. Um sicherzustellen, dass die Teams die vollständige Verantwortung übernehmen, ist es wichtig, dass sie autonom sind. Die Aufgaben, für die sie verantwortlich sind, müssen komplett bei ihnen liegen. Sie haben die End-to-End-Verantwortung und sind dazu auf niemand anders angewiesen. Das bedeutet, dass alle Change- und Run-Aufgaben mithilfe der Tools, mit denen die Arbeit der Run-Teams automatisiert wurde, selbst ausgeführt werden. Self-Service eben. So können die Run-Teams den kritischen Pfad verlassen und sind nicht länger der Engpass.

Auswirkung und Erträge messen

Machen Sie die Vorteile der hohen Liefergeschwindigkeit sichtbar. Jede Verbesserung erfordert eine Investition in Aufmerksamkeit, Aufwand, Zeit, Geld und Geduld. Wenn jedem klar ist, was die Vorteile häufiger Lieferungen sind, ist der Aufwand, der damit verbunden ist, leichter zu akzeptieren. Dies gilt insbesondere für die Teams, die selbstständig Kunden unterstützen. Begeisterung ist in solchen Teams ein wichtiger Antrieb auch für alle anderen Maßnahmen.

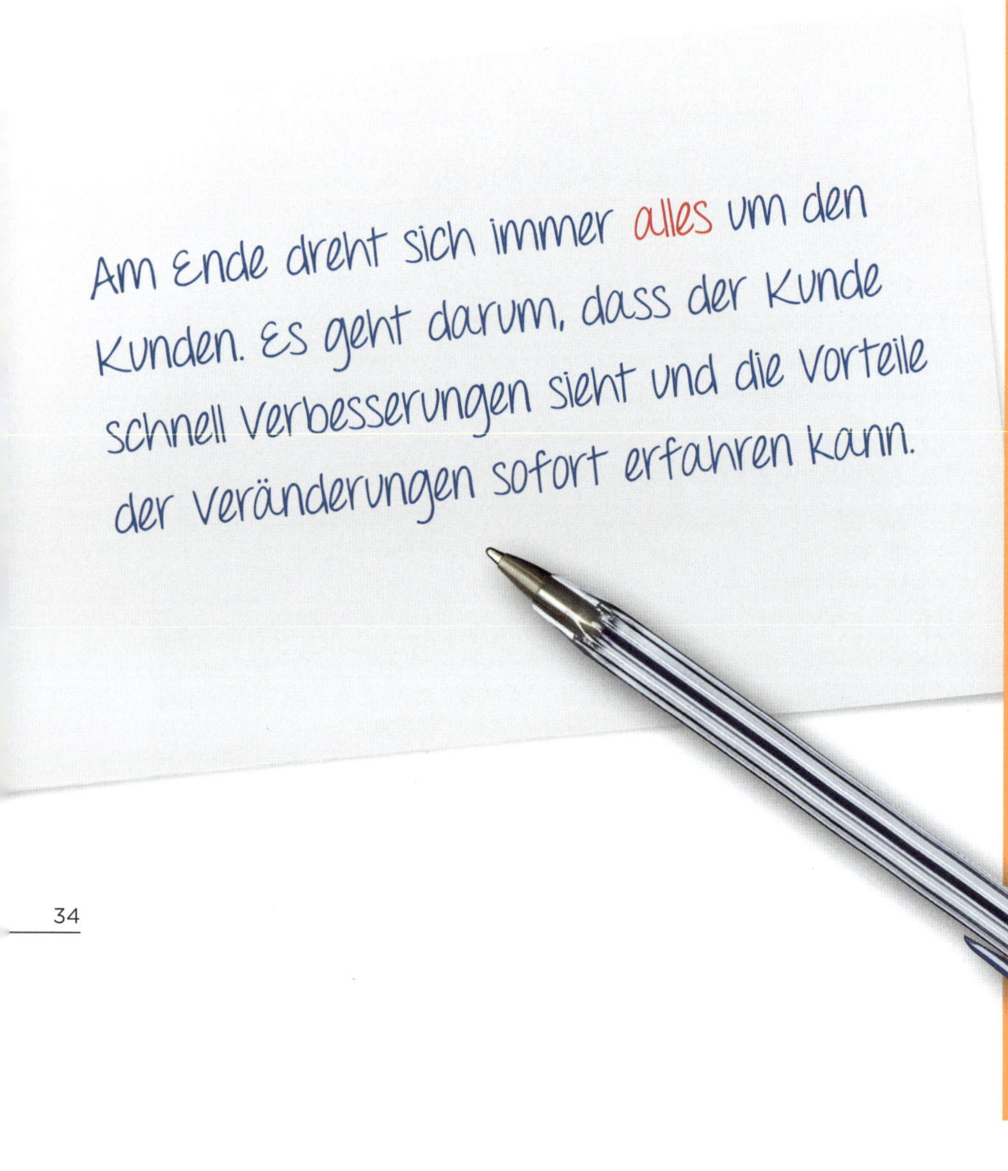

3.2 BEISPIEL: BOL.COM

Die Internetbuchhandlung bol.com hat im Zuge ihrer Transformation zu agilem Arbeiten die Trennung zwischen Change und Run in ihren Teams aufgehoben. Dazu wurden Maßnahmen ergriffen, wie sie in Abschnitt 3.1 besprochen wurden. Das Anwenden dieser konkreten Maßnahmen hat bei bol.com zu einer Reihe messbarer Vorteile geführt:

- **Die Modularität der Website hat sich vervielfacht.** Die gesamte Website musste in voneinander unabhängige Teile, die separat voneinander produktiv gesetzt werden können, aufgetrennt werden. Das erwies sich in der Praxis als die größte Herausforderung. Ende 2017 war die Anzahl der Services auf mehr als 250 angewachsen, die alle separat freigegeben werden konnten und unabhängig voneinander funktionierten. Wenn zum Beispiel die Suchfunktion ausfällt, funktioniert der Rest der Website weiter und Kunden können beispielsweise ungestört bezahlen.

Und wenn die Anzeige personalisierter Angebote ausfällt, werden stattdessen generisch ermittelte Angebote angezeigt. Was auch passiert, der Kunde wird in seinen Aktivitäten nicht behindert.

- **Die Anzahl der Releases hat extrem zugenommen.** Die Anzahl der Releases ist von einem pro Monat in 2014 auf mehr als 550 pro Monat in 2017 gestiegen. Das ist eine direkte Folge des Auftrennens eines großen Systems in voneinander unabhängige Teile. Dadurch werden Komponenten nun separat freigegeben. Zudem werden die Komponenten nicht länger durch Ops-Teams, sondern durch die agilen Teams selbst produktiv gesetzt. Alle Ops-Mitarbeiter haben entweder in ein agiles Team oder in ein Site Reliability Team (SRT) gewechselt. Die SRTs stellen Infrastruktur und Tools für die agilen Teams bereit, sodass diese selbstständig zum Beispiel automatisiert testen, überwachen, Lasttests ausführen und produktiv setzen können.

- **Kritische Zwischenfälle wurden um 95 Prozent reduziert.** Die Anzahl kritischer Zwischenfälle (mit großer Auswirkung auf Reputation, Kundenzufriedenheit und Umsatz) ist von durchschnittlich 25 pro Monat in 2014 auf weniger als einen pro Monat in 2017 gesunken.

- **Geplante Ausfallzeiten wurden auf null reduziert.** 2014 ging die Website im Durchschnitt vier Stunden pro Monat offline, um ein Release einzuspielen. Seit 2016 bleibt die Website während der Releases online. Lediglich bei einer einzigen tiefer liegenden Plattform gelingt es noch nicht, ohne Downtime zu aktualisieren. Die Ausfallzeiten für derartige Releases sind jedoch inzwischen auf weniger als achtzehn Minuten pro Jahr gesunken.

- **Ungeplante Ausfallzeiten sind praktisch gleich null.** Die ungeplanten Ausfallzeiten, bei denen die Website wegen technischer Probleme nicht erreichbar ist, wurden um mehr als 98 Prozent auf weniger als zehn Minuten pro Jahr verringert.

Diese Zahlen zeigen, dass eine aktive Änderung der Release- bzw. Liefergeschwindigkeit nicht nur dazu führt, dass Teams früher und schneller Ergebnisse liefern können, sondern auch dafür sorgt, dass sich die Qualität ihrer Arbeit signifikant verbessert.

4

DIE GEFAHREN VON AGILITÄT

TROTZ IHRES BEDÜRFNISSES NACH SCHNELLIGKEIT UND FLEXIBILITÄT GELINGT ES NICHT ALLEN UNTERNEHMEN, AGILITÄT ERFOLGREICH EINZUFÜHREN. DENN ES LAUERN UNSICHTBARE GEFAHREN. DAS LIEGT DARAN, DASS VIELE UNTERNEHMEN ANFANGEN, AGIL ZU ARBEITEN, UND ERST SPÄTER BEMERKEN, WELCHE NACHTEILE DAMIT VERBUNDEN SIND ODER WELCHEN RANDBEDINGUNGEN SIE NICHT GENÜGEN KÖNNEN.

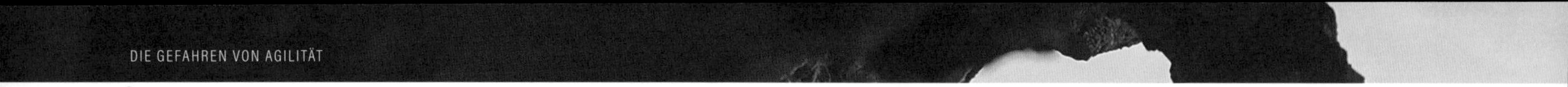

Agil werden erfordert Disziplin

Was mit einem einzelnen Scrum-Projekt beginnt, entwickelt sich dann im Laufe der Zeit zur groß angelegten Einführung von agilen Vorgehensweisen im gesamten Unternehmen. Manchmal entsteht um Agilität dann ein ziemlicher Hype und sie wird als der nächste heilige Gral gepriesen, der alle Probleme bezüglich Pünktlichkeit, Qualität und Kostenersparnis löst. Das ist natürlich Unsinn. Doch in einer sich schnell verändernden Welt ist es ratsam, dafür zu sorgen, dass ein Unternehmen schnell, flexibel und fit ist.

Agilität und Gesundheit haben überraschend viele Gemeinsamkeiten. Wer will nicht gesund und fit leben? Wer will nicht gut aussehen und vor Energie strotzen? Tatsächlich gilt das Gleiche für Unternehmen. Heutzutage will fast jedes Unternehmen fit, flexibel und agil sein. Was könnte besser sein als die Fähigkeit, schneller als die Konkurrenz auf Kundenwünsche oder sich verändernde Marktanforderungen zu reagieren?
Doch man wird nicht von selbst agiler. Dafür muss man etwas tun. Jeder weiß, dass ein gesundes Leben Zeit und Anstrengung erfordert und ein fester Rhythmus erforderlich ist, um fit zu bleiben. Aber wie viele von denen, die im Januar ein Jahresabonnement für das Fitnessstudio abschließen, schaffen es, wirklich fit zu werden? Bei der Agilität ist das nicht anders. Ohne Opfer und Disziplin wird man nicht agiler. Selbst nur ein wenig agil zu arbeiten, bringt schon Vorteile, doch der Weg zu wirklicher Agilität erfordert Ausdauer, Opfer, Kontinuität und Disziplin. Agil zu werden ist schwieriger, als viele Menschen denken: Muster aus der Vergangenheit müssen »ent-lernt« und neues Verhalten, neue Regeln und neue Prinzipien erlernt werden.
Nur wenige Unternehmen schaffen es, diesen Kraftaufwand in vollem Umfang aufzubringen.
Ken Schwaber, Miterfinder von Scrum, dem am weitesten verbreiteten agilen Ansatz, sagt dazu: »75 Prozent der Unternehmen, die Scrum einführen, erzielen nicht den erhofften Nutzen.« Weil sie nicht gewillt sind, die damit verbundenen Mühen auf sich zu nehmen und die für Agilität erforderlichen Veränderungen in ihrer Gesamtheit umzusetzen.

Agile Pilotprojekte sind oft nicht repräsentativ

Auch die ersten Trainingseinheiten im Fitnessstudio sind nicht unbedingt angenehm. Diese ersten Schritte auf dem Weg zu einem gesünderen Leben sind hart und schmerzhaft. Bei Agilität ist das ebenso. Die Ergebnisse der ersten agilen Projekte

oder Pilotprojekte sind häufig enttäuschend. Das hängt mit dem Lernprozess zusammen und markiert den Beginn einer unvermeidlichen Lernkurve. Deshalb liefern Pilotprojekte selten ein aussagekräftiges Bild des zu erwartenden Nutzens. Die versprochenen Vorteile einer »gesunden Organisation« werden sich erst langfristig einstellen.

Die Einführung von Agilität verläuft nie ohne Schmerzen

Auch die Anstrengungen, die nötig sind, um gesund zu bleiben, und die damit verbundenen Risiken werden erst nach einer gewissen Zeit sichtbar (siehe Abschnitt 4.1). Es ist naiv zu glauben, dass die Einführung von Agilität nur eine kleine Veränderung ist, die ohne Schmerzen oder Probleme abläuft. Viele Unternehmen verfügen nicht über ausreichend Wissen und Erfahrungen, um während dieses Lernprozesses angemessene Anpassungen vornehmen zu können. Oft ist eine andere Maßnahme erforderlich, als die eigene Intuition vorgibt. Glücklicherweise wurde inzwischen anderswo bereits ausreichend Wissen und Praxiserfahrung zu diesem Lernprozess gesammelt. Nutzen Sie deshalb die Erfahrungen anderer Unternehmen, die diese Aufgabe bereits erfolgreich bewältigt haben. Unternehmen sollten im Vorhinein gut überlegen, ob sie wirklich die erforderlichen Investitionen aufbringen wollen, um agil zu werden. Denn der Weg dahin ist voller Gefahren. Jede Organisation muss für sich selbst entscheiden, wie flexibel oder gesund sie sein will. Doch Achtung: Diese Entscheidung kann weitreichende Konsequenzen haben! Mangelnde Flexibilität ist in den seltensten Fällen von Vorteil. Wir haben schließlich von Charles Darwin gelernt, dass weder die größten, die stärksten noch die klügsten Organisationen überleben werden, sondern diejenigen, die am besten auf Veränderungen reagieren können.

In einer sich schnell verändernden Welt ist es ratsam, dafür zu sorgen, dass ein Unternehmen schnell, flexibel und fit ist.

4.1 ACHT GEFAHREN AGILEN ARBEITENS

1 **Agiles Arbeiten ist anstrengender, als es aussieht**
Die Regeln und Prinzipien von Agilität sind einfach zu verstehen. Anstrengend wird es erst, wenn sie angewendet werden sollen. Agilität erscheint auf den ersten Blick *to good to be true* (… zu schön, um wahr zu sein). Ein Disclaimer oder ein Warnschild fehlt. Sich bei Unternehmen umzuschauen, die mit der Einführung von Agilität schon viel weiter sind, ist deshalb eine gute Idee.

2 **Der Weg hin zu Agilität ist vage**
Agilität in den Griff zu bekommen, funktioniert nur mit Versuch und Irrtum. Es ist ein Lernprozess, eine Entdeckungsreise. Wenn die ersten Ergebnisse enttäuschend sind, ist aufgrund des Mangels an Erfahrung oft nicht klar, welche Anpassungen erforderlich sind. Viele Teams und Organisationen beginnen in solchen Momenten wieder, detaillierte Pläne zu erstellen, wodurch sie jedoch gerade weniger flexibel werden. Mitarbeiter einzustellen, die bereits agile »Flugerfahrung« haben, oder mit Beratungspartnern zusammenarbeiten, kann helfen, derartigen Situationen vorzubeugen.

3 **Die Auswirkungen scheinen viel größer als erwünscht**
Die Veränderung hin zu Agilität ist viel umfangreicher, als man anfangs gedacht hat. Das gilt nicht nur für Mitarbeiter, sondern auch für Organisationen als Ganzes. Agilität wirkt sich sowohl auf den Arbeitsprozess als auch auf den Inhalt der Arbeit aus. Darüber hinaus hat die Einführung von Agilität oft einen Schneeballeffekt, beispielsweise auf Personalabteilungen, Portfoliomanagement, Budgetierung, Strukturen, Verträge und Systeme. Diese Veränderungen können sich als zu einschneidend und als unerwünscht erweisen, doch oft ist der Weg zurück keine realistische Option mehr. Schrittweises Vorgehen, das immer die größte Herausforderung zuerst angeht, hilft dabei, dass die erforderlichen Veränderungen handhabbar bleiben.

4 **Die Grundvoraussetzungen können (noch) nicht erfüllt werden**
Agilität geht von einer idealen Welt aus, doch leider gibt es so etwas nicht. Agiles Arbeiten verlangt von Menschen und Organisationen, dass sie sich anpassen, indem sie zum Beispiel mit stabilen Teams arbeiten, zu denen die Arbeit hinfließt, statt Mitarbeiter zu Projekten zuzuweisen. Viele Organisationen, die sich entscheiden, Agilität

einzuführen, stellen nach und nach fest, dass sie sich gar nicht im erforderlichen Maß anpassen können oder wollen. Das Management oder die Geschäftsführung entscheidet darüber, ob die erforderlichen Rahmenbedingungen geschaffen werden, und übernimmt damit eine zentrale Rolle im Veränderungsprozess.

5 Von scheinbarer Sicherheit zu offensichtlicher Unsicherheit

Zu Beginn eines Projekts ist niemandem klar, wie die zu entwickelnden Ergebnisse aussehen werden. Das wird erst im Laufe des Projekts festgelegt. Viele Auftraggeber empfinden ein solches Vorgehen als ein großes Risiko. Organisationen, die mit dieser Unsicherheit nicht umgehen können und nicht bereit sind, ihre Steuerung darauf anzupassen, werden mit der Einführung von Agilität nur mühsam vorankommen. Nutzen Sie Indikatoren, die sichtbar machen, in welchem Maße das Projekt die zugrunde liegenden Zielstellungen verwirklicht. Das ist eine Stärke von agilem Arbeiten, denn bei traditionellen Arbeitsweisen wird diese Überprüfung auf das Projektende verschoben.

6 Die Anforderungen an einen Product Owner sind unrealistisch

Agiles Arbeiten stellt hohe Anforderungen an Product Owner und übergibt ihnen viel Vertrauen, Verantwortung und ein Mandat. Es ist praktisch nahezu unmöglich, diese Rolle perfekt auszufüllen (siehe auch Kapitel 13). Menschen, die sowohl eine Vision haben als auch Verständnis für Technologie mitbringen, Stakeholder gut führen und Teams motivieren können, entscheidungsfreudig sind und Geschäftswert gut einschätzen können, gibt es eigentlich nicht. Product Owner zu sein, bedeutet kontinuierliches Ausbalancieren, und wenn man die Rolle gut ausfüllen will, sind sowohl Management- als auch Moderationskompetenz erforderlich. Eine gründliche Ausbildung der Product Owner ist daher keineswegs unnötiger Luxus. Und doch erleben wir in der Praxis oft, dass vielen Product Ownern eine solche Ausbildung kaum oder gar nicht zuteilwird.

7 Aufschieberitis lauert

Es ist verführerisch, Maßnahmen, die sich erst langfristig auswirken, aufzuschieben. Da agiles Arbeiten den Fokus auf schnelles Liefern von Ergebnissen richtet, besteht immer das Risiko, sein Handeln zu stark an kurzfristigen Zielen auszurichten. Langfristige Auswirkungen auf Qualität, Flexibilität und Produktivität werden ignoriert. Sie zeigen sich oft erst, wenn es schon zu spät ist und der Schaden nur noch mit übermäßiger Anstrengung behoben werden kann. Deshalb ist es ratsam, Qualität kontinuierlich zu messen und Qualitätsverbesserungen zu den Zielen eines Product Owners hinzuzufügen.

8 **Fachmännisches Können kann behindern**

Agiles Arbeiten erfordert von den Mitarbeitern nicht nur zusätzliche Kompetenzen, sondern auch eine grundlegend andere Sicht auf ihren Beruf. Die Kompetenzen, mit denen Fachleute bisher erfolgreich waren, können sogar hinderlich sein und ihnen im Weg stehen. Das kann so weit gehen, dass Helden von einst ihren Status und ihren Mehrwert verlieren. Deshalb ist es wichtig, dass Mitarbeiter und ihre Führungskräfte die erforderlichen Kompetenzen nicht unterschätzen und Maßnahmen ergreifen, um sich diese anzueignen.

4.2 SIEBEN MISSVERSTÄNDNISSE ÜBER AGILITÄT

1 Dokumentation wird bei agilem Arbeiten nicht mehr gebraucht

Es kommt regelmäßig vor, dass agiles Arbeiten mit undiszipliniertem Arbeiten verwechselt wird. Die Dokumentation sei komplett überflüssig, weil ja alles miteinander besprochen wird oder ein Foto von einem Whiteboard auch ausreicht. Eine oft gehörte Bemerkung ist: »Wir dokumentieren keine Absprachen mehr, denn wir arbeiten ja agil.« Während früher viel Wert auf Input (Vollständigkeit und Richtigkeit dokumentierter Anforderungen) gelegt wurde, vertraut man heute viel mehr auf Kommunikation und Output (regelmäßige Interaktion zwischen Kunden und Mitarbeitern, unterstützt durch leichtgewichtige Techniken, die auf das Ergebnis und wirklichen Wert fokussieren). Doch Erkenntnisse und Absprachen zu dokumentieren ist bei agilem Arbeiten keineswegs verboten. Die Dokumentation spielt unbestritten eine Rolle. Allerdings liegt die Betonung darauf, hinterher zu dokumentieren, statt vorher zu spezifizieren.

2 Agiles Arbeiten gibt dem Team unbeschränkte Vollmacht

Wenn wir agiles Vorgehen zum ersten Mal erläutern, werden wir oft gefragt: »Aber wie wissen wir denn dann, was wir am Ende bekommen?« Agilität begrüßt fortschreitende Erkenntnis und so entsteht manchmal der Eindruck, als wäre völlig unklar, was am Ende dabei herauskommen soll. Dieser Eindruck besteht zu Unrecht. Agiles Arbeiten kann problemlos mit einer vorher definierten Liste von Anforderungen und erwarteten Ergebnissen starten. Und die Vorhersage eines Lieferdatums ist bei Agilität genauso einfach (oder schwierig) wie bei anderen Arbeitsweisen. Allerdings können neue Erkenntnisse und Veränderungen durch den agilen Ansatz einfacher berücksichtigt werden. Indem immer Schritt für Schritt zuerst das Wertvollste fertiggestellt wird, wird zudem im Laufe der Zeit eine immer bessere Vorhersage des Lieferzeitpunkts möglich.

3 Wenn man agil arbeitet, wird die Qualität unvorhersagbar

Der Fokus von Agilität auf funktionierende Ergebnisse wird regelmäßig mit schnellem und schludrigem Abliefern von Halbfertigem verwechselt. Das ist wirklich ein Missverständnis. Beim agilen Vorgehen wird vieles an der Definition of Done (DoD) festgemacht – der Liste von Akzeptanzkriterien und Prozessregeln, die erfüllt sein müssen, ehe ein Element als »fertig« betrachtet wird. Diese Checkliste ist ein wichtiges Hilfsmittel, um Qualität sicherzustellen. In der Praxis jedoch scheinen viele Organisationen kaum oder gar nicht mit einer DoD zu arbeiten. Und wenn eine DoD existiert, neigen Teams dazu, sie bei zunehmendem Arbeitsdruck zu ignorieren. Die schlechte Qualität ist dann eher eine Folge dieses Drucks und mangelnder Disziplin als eine Folge der agilen Arbeitsweise.

4 Agilität verträgt sich nicht mit Normen und Standards

Wir treffen regelmäßig auf Fachexperten, die behaupten: »Ich kann nicht agil arbeiten, denn das wurde mir von der Aufsichtsbehörde untersagt bzw. es verträgt sich nicht mit unseren bestehenden Standards.« Doch Prinzipien wie das Priorisieren nach Wert, häufige wechselseitige Interaktion und iteratives Liefern von Ergebnissen passen bestens zu PRINCE2, PMI und anderen Frameworks. Es ist richtig, dass diese Vorgehensweisen oft auf eine bürokratische Weise implementiert werden, doch auch klassische Prozessmodelle lassen sich sehr gut flexibel interpretieren. In den meisten Fällen steht nicht die Herangehensweise, sondern die Organisation selbst einer flexibleren Arbeitsweise im Weg.

5 Agile Teams brauchen kein Management

Von Beginn an wurde bei Agilität die Betonung auf selbstorganisierte Teams gelegt. Dadurch ist zu Unrecht das Bild entstanden, dass in agilen Organisationen kein Management mehr gebraucht wird. Doch das Gegenteil ist der Fall. Letztlich geht es in einer Organisation um Verantwortung, Verbesserung und Entscheidungsbereitschaft. Für all das braucht man ein Management. Die Rolle des Managements hingegen verändert sich tatsächlich, denn von Managern in agilen Organisationen wird erwartet, dass sie ihre Rolle dynamischer ausfüllen. Das erfordert eine coachende und richtungsweisende Art von Führung, die die erforderlichen Voraussetzungen schafft.

6 Agilität bedeutet vor allem mehr Meetings

Da Interaktion und Kommunikation für agiles Arbeiten unerlässlich sind, entsteht schnell der Eindruck, dass diese Arbeitsweise nur zu zusätzlichen Meetings führt und daher nicht effizient ist. Natürlich gibt es mehr Interaktion, doch sie ist wesentlich kürzer, zielgerichteter und unmittelbar fokussiert auf das konkrete Ergebnis. Und diese Meetings fallen nicht zusätzlich zu allen bestehenden Terminen an, sondern ersetzen diese.

7 Ein agiles Team besteht nur aus »Tekkies«

Agiles Arbeiten erfordert multidisziplinäre Teams, also nicht nur Softwareentwickler. Agilität ist keineswegs ein »IT-Ding«. Es erfordert interdisziplinäre Teams, die einen direkten Kundennutzen liefern. Das bedeutet, dass alle Disziplinen und Kompetenzen darin vertreten sein sollten. Die Mitglieder solcher Teams gehen gemeinsam die Verpflichtung ein, ein funktionierendes Ergebnis zu liefern. Alle Teammitglieder engagieren sich aus ihrem eigenen Fachgebiet heraus für das angestrebte Ergebnis und unterstützen sich gegenseitig, wenn es erforderlich ist.

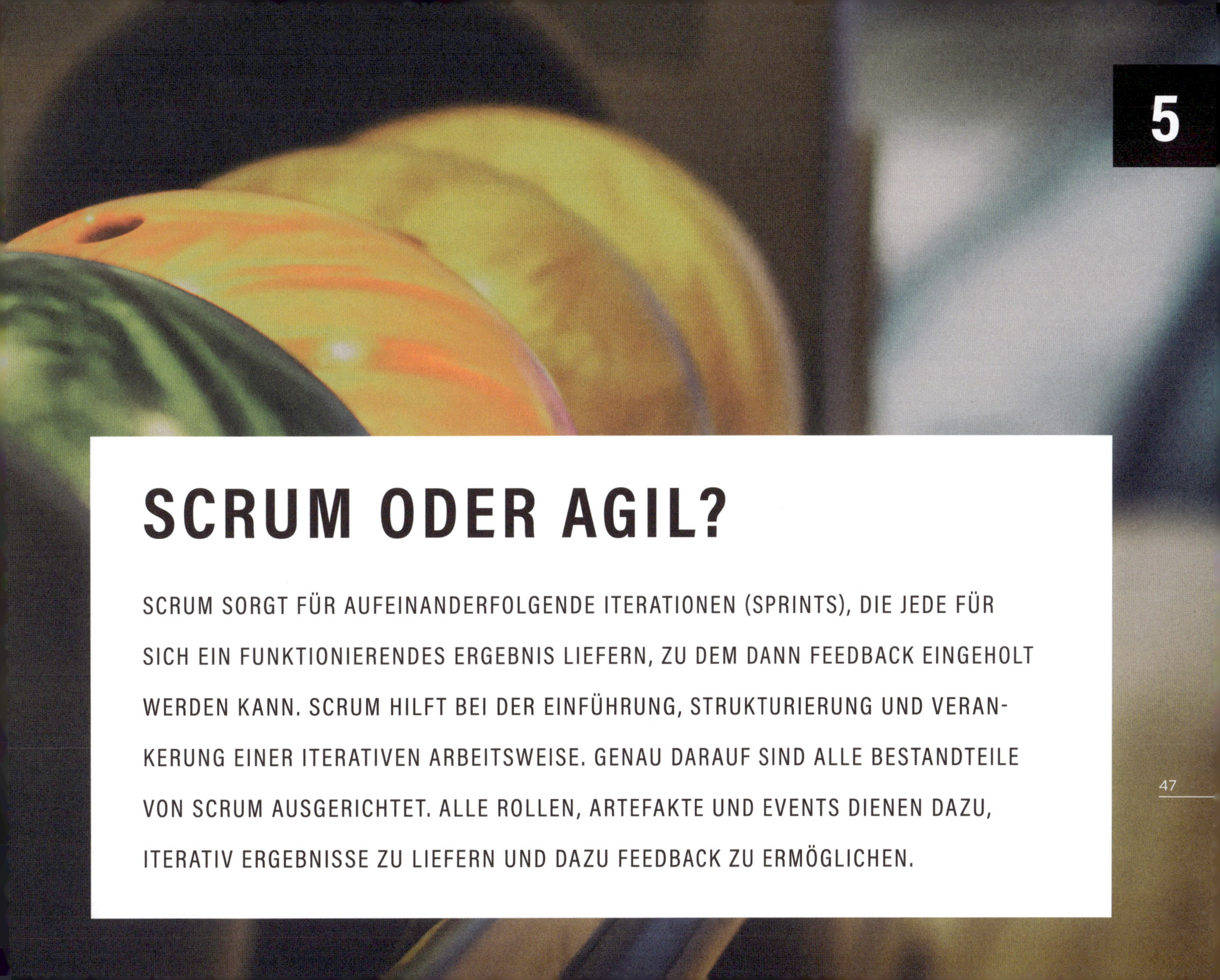

5

SCRUM ODER AGIL?

SCRUM SORGT FÜR AUFEINANDERFOLGENDE ITERATIONEN (SPRINTS), DIE JEDE FÜR SICH EIN FUNKTIONIERENDES ERGEBNIS LIEFERN, ZU DEM DANN FEEDBACK EINGEHOLT WERDEN KANN. SCRUM HILFT BEI DER EINFÜHRUNG, STRUKTURIERUNG UND VERANKERUNG EINER ITERATIVEN ARBEITSWEISE. GENAU DARAUF SIND ALLE BESTANDTEILE VON SCRUM AUSGERICHTET. ALLE ROLLEN, ARTEFAKTE UND EVENTS DIENEN DAZU, ITERATIV ERGEBNISSE ZU LIEFERN UND DAZU FEEDBACK ZU ERMÖGLICHEN.

Agil und Scrum sind keine Synonyme

Die Begriffe »agil« und »Scrum« werden regelmäßig als Synonyme verwendet. Das ist nicht richtig, auch wenn es durchaus verständlich ist. Agilität ist eine Haltung (Mindset), aus der heraus man denkt und handelt. Scrum hingegen ist die bekannteste und populärste Herangehensweise, um agil zu arbeiten. In der Praxis setzen mehr als 70 Prozent der Unternehmen, die agil arbeiten, Scrum ein. Scrum ist so etwas wie ein Trainingsplan, mit dem man fit werden kann. Dieser Plan passt zu vielen Menschen, er ist jedoch nicht der ultimative Plan; es führen viele Wege nach Rom.

Scrum einzuführen ist ein guter erster Schritt

Scrum hilft einer Organisation, einer Abteilung oder einem Team, eine gezielte Intervention durchzuführen, um flexibler zu werden. Scrum zwingt dazu, einige Dinge einzuhalten, und unterstützt bei der Klärung, wie das geschehen soll. Dieser Ansatz hilft dabei, die aktuelle Situation aufzubrechen und künftig iterativ, wert- und lernorientiert zu arbeiten. Mit Scrum gibt es keine Garantie für die Agilität einer Organisation, doch in vielen Fällen ist es ein ausgezeichneter erster Schritt in die richtige Richtung. Gerade wenn man mit agilen Arbeitsweisen startet, bietet Scrum oft den erforderlichen Halt. Scrum etabliert einen Arbeitsrhythmus, der aus kurzen Perioden besteht. Diese sogenannten Sprints folgen aufeinander und sind alle gleich lang. Am häufigsten begegnet man in der Praxis Sprint-Längen von ein bis zwei Wochen, doch auch Sprints von drei oder vier Wochen Länge sind erlaubt. Jeder Sprint liefert mindestens ein funktionierendes Ergebnis. Um das zu ermöglichen, hat Scrum auch eine prozessorientierte Seite: Sie umfasst zwei Artefakte (*Product Backlog* und *Sprint Backlog*), drei Rollen (*Teammitglied*, *Product Owner* und *Scrum Master*) und fünf Meetings (*Sprint Planning*, *Daily Scrum*, *Sprint-Review*, *Sprint-Retrospektive* und *Product Backlog Refinement*).
In der Praxis besteht die Gefahr, dass diese Prozessseite zu stark betont und dabei das funktionierende Ergebnis aus den Augen verloren wird. Dann »scrummen« die Teams zwar, doch das Wichtige sind nicht die einzelnen Prozessschritte, sondern das, was man damit erreicht. Agilität gewährleistet schnelle Ergebnisse, Wertschöpfung und die Fähigkeit, sich durch alles, was man lernt und entdeckt, neu auszurichten. Das Risiko bei einer Fokussierung auf Scrum besteht darin, dass man, wenn man nicht aufpasst, noch immer erst ganz am Ende Kundenfeedback erhält. Arbeiten Sie deshalb auf jeden Fall wie ein Delfin: Tauchen Sie nach jedem Sprint wieder mit funktionierenden Ergebnissen auf. Und testen Sie diese Ergebnisse am besten durch echte Kunden und Anwender. Scrum wurde genau dazu geschaffen. Scrum ist eine Art Rezept für agiles Arbeiten mittels iterativer Ergebnisse in Sprints.

Ein multidisziplinäres Team ist entscheidend

Das Ergebnis jedes Sprints wird von einem festen Team von Menschen mit unterschiedlichen Kompetenzen geliefert. Alle erforderlichen Kenntnisse und Fähigkeiten, um Anforderungen in Arbeitsergebnisse umzusetzen, sind vorhanden (End-to-End-Arbeit). Das macht die Teammitglieder unabhängig von der Außenwelt und so können sie gemeinsam schnell und erfolgreich handeln. Die Zusammensetzung eines solchen Teams hängt von den Ergebnissen ab, die von ihm erwartet werden. Das Team organisiert sich selbst und hat deshalb keinen Manager für die täglichen Entscheidungen bezüglich Koordination und Abstimmung.

Zwei Artefakte, drei Rollen und fünf Meetings

Scrum bietet einen Rahmen in Form von fünf Meetings mit einem klaren Ziel und einer definierten Dauer. Dadurch bleibt viel mehr Zeit, um die eigentliche Arbeit zu erledigen. Das ist wichtig, denn Arbeiten sorgt für Ergebnisse – nicht das Entscheiden bezüglich Koordination und Abstimmung. Alle Managementaufgaben eines solchen Teams sind auf drei durch Scrum vorgeschriebene Rollen verteilt: Product Owner, Scrum Master und Teammitglied.

Funktionierende Ergebnisse stehen im Zentrum

Das Ergebnis steht im Zentrum eines jeden Sprints. Was wollen wir erreichen? Was stellen wir fertig? Was lassen wir durch den Kunden auf enthaltenen Wert prüfen? Dabei hängt es vom Kontext ab, was dieses Ergebnis ist. Manchmal ist es eine Dienstleistung, ein andermal vielleicht ein Produkt, ein Businessplan, eine Kundenakte oder etwas völlig anderes. Das macht keinen Unterschied, solange es ein Ergebnis ist, das dem Kunden nützt. Ergebnisse, mit denen Kunden glücklich sind, weil sie Wert für sie beinhalten. Entscheidend ist, dass diese Ergebnisse tatsächlich fertig sind – also nichts Halbfertiges, keine losen Teile oder groben Entwürfe. Die Kunden sollten die Ergebnisse wirklich nutzen und ihren Wert erfahren können. Nur so kann das Team herausfinden, was der nächste Schritt sein muss und was sie dafür tun können, dass der kommende Sprint noch besser verläuft.

Es geht um Agilität und nicht um Scrum

Kurz gesagt: Agil will man sein oder werden. Bei Agilität dreht sich alles um Flexibilität. Es geht darum, stets auf alles vorbereitet zu sein und Anpassungen vornehmen zu können, wenn es die Situation erfordert. Scrum verhilft zu einer praktischen Herangehensweise, um genau das zu erreichen. Es bietet einen Rhythmus von Sprints, die für eine Abfolge funktionierender Ergebnisse sorgen. Darüber hinaus unterstützt Scrum dabei, innerhalb eines Sprints das Notwendige für eine reibungslose Koordination mit Fokus auf das Ergebnis zu tun. Man kann also auch wunderbar ohne Scrum agil sein – und man kann Scrum auch einsetzen, ohne agil zu sein.

Scrum ist ein Hilfsmittel, ein Werkzeug. Es ist zwar ein wundervolles Hilfsmittel, aber das Werkzeug allein bewirkt nichts. Agil arbeiten oder agil sein – das muss man immer noch selbst hinbekommen.

5.1 WIE FUNKTIONIERT SCRUM?

Jeder Sprint verläuft in Bezug auf Inhalt und Rhythmus weitestgehend gleich. Scrum setzt auf feste Meetings mit fester Dauer zu festen Zeiten, auf eindeutige Rollen mit deutlichen Zielen und klarem Fokus sowie auf Transparenz durch Artefakte, die immer den aktuellen Stand wiedergeben. Und so findet sich ein Team in einem Rhythmus wieder, der für eine Vorhersagbarkeit der Menge an Arbeit sorgt, die es innerhalb eines Sprints in Ergebnisse umsetzen kann.

Die dreizehn Elemente von Scrum[1]

1 Den Kern bilden **funktionierende Ergebnisse, die Wert verkörpern**. Jeder Sprint dreht sich um das Ergebnis (Produkt, Dienstleistung, abgeschlossene Akten, Fälle usw.), für das dieses Team verantwortlich ist. Ein funktionierendes oder abgeschlossenes Ergebnis ist das Allerwichtigste. Der Sinn von Scrum ist, Arbeit immer abzuschließen und in kleinen Schritten zu liefern, also keine offenen Enden zu lassen. Also: kurze Zyklen, kleine Schritte, häufig Ergebnisse, immer das Wichtigste zuerst fertigstellen und auf der Basis von Feedback den Kurs korrigieren.

1 Für alle Details und Interpretationen kann der Scrum Guide (kostenlos) heruntergeladen werden unter: *www.scrumguides.org*.

2 Ein **multidisziplinäres Team**, das die gesamte Arbeit erledigt und erledigen kann. Das Team ist der Motor in Scrum. Die Mitglieder eines solchen Teams verfügen gemeinsam über alle erforderlichen Kompetenzen, um jede Idee innerhalb eines Sprints in Ergebnisse umzusetzen. Um welche Kompetenzen es sich dabei handelt, hängt natürlich vom angestrebten Ergebnis ab und wird sich deshalb von Umgebung zu Umgebung unterscheiden. Achtung: Diese Teams arbeiten auf Vollzeitbasis. Jedes Teammitglied gehört zu nicht mehr als einem Team und arbeitet nur für dieses eine Team. Eventuelle zusätzliche Aktivitäten, die jemand aus seiner oder ihrer Funktion heraus zu erledigen hat, werden somit auch zu Teamaktivitäten. Das Team besteht aus maximal neun und minimal drei Mitgliedern. Ab einer Größe von zehn ist es in der Regel besser, es in zwei Teams aufzuteilen, die dann jedes für sich wieder autonom arbeiten.

3 Eine geordnete Liste von gewünschten Ergebnissen: das **Product Backlog**. Wenn ein Team ein Produkt entwickelt, ist diese Liste das Product Backlog. Entwickelt das Team hingegen einen Service, kann man sie auch **Service Backlog** nennen. Es geht darum, dass es genau eine Liste gibt, die nach Wichtigkeit sortiert ist. Alle möglichen

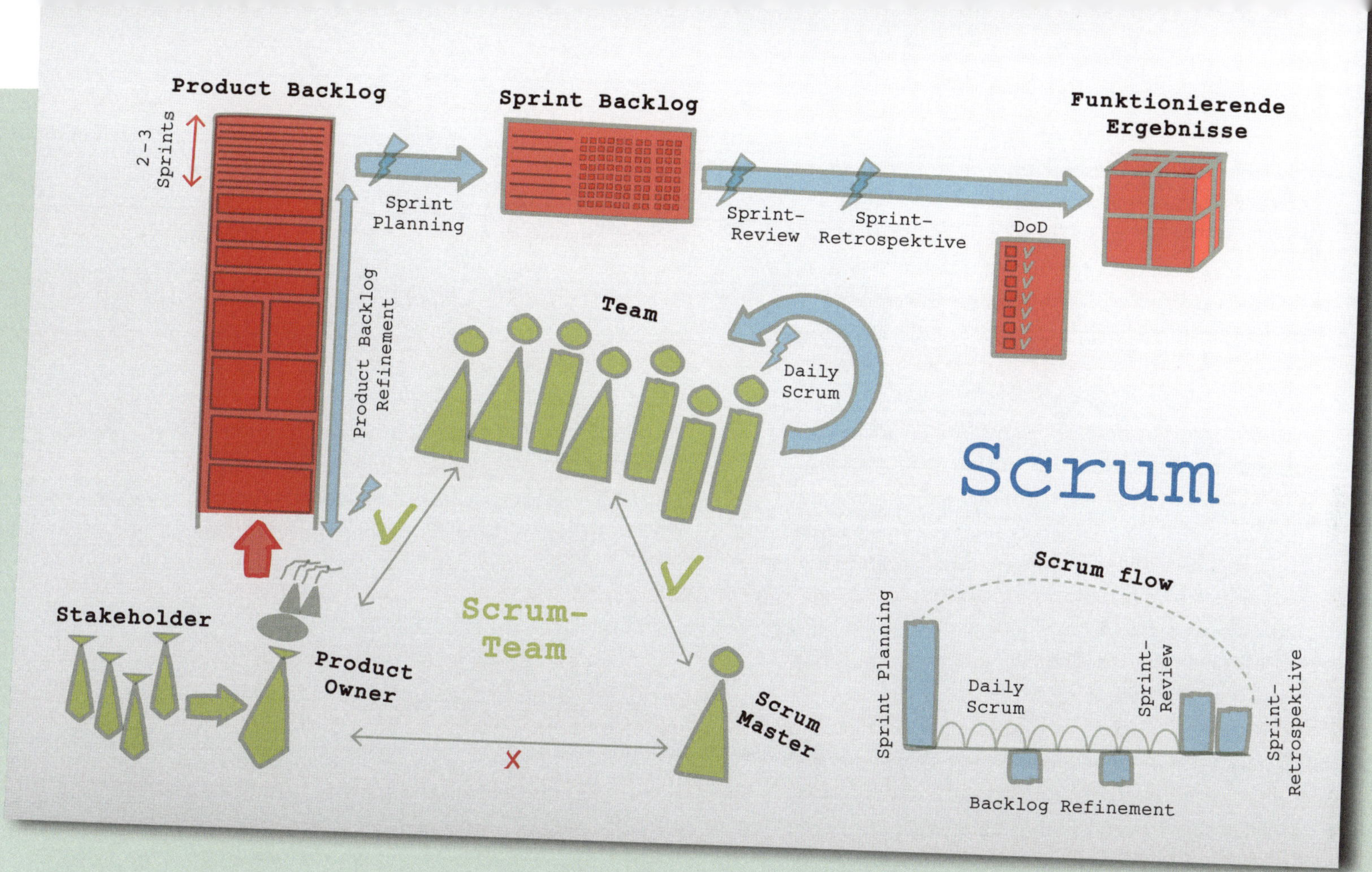

Ideen werden geordnet in diese Liste aufgenommen. Mittels des (Product) Backlog wird gesteuert, was zuerst umgesetzt wird und was später. Alle Ideen bezüglich des Ergebnisses und der zu erledigenden Aufgaben sind darin aufgenommen. Die wichtigsten Dinge stehen oben und werden durch das Team zuerst in Angriff genommen. Man kann sich die Frage stellen, wie sehr es sich lohnt, ein Product Backlog sehr lang und detailliert auszuarbeiten, vor allem wenn abzusehen ist, dass sich in nächster Zukunft noch viel ändern wird.

4 Eine Person, die diese Liste ordnet: der **Product Owner (PO)**. Entscheidungen in einem komplexen Umfeld mit vielen Beteiligten zu treffen, ist schwierig und kann daher lange dauern. Scrum löst dieses Problem, indem es die Entscheidungsfindung und das Ordnen der anstehenden Arbeiten an einer Stelle verortet, und nennt diese Person den Product Owner (PO). Wenn ein Team ein Produkt entwickelt, hört sich diese Bezeichnung logisch an. Doch wenn das Team einen Service oder eine Geschäftsidee entwickelt, dann kann man diese Person natürlich auch Service Owner oder Business Owner nennen. Der Product Owner entscheidet über die Wichtigkeit und die Reihenfolge der Arbeit und ordnet das Product Backlog. Auf diese Weise ist völlig klar, woraus die geordnete Liste von Anforderungen besteht und wer über deren Reihenfolge entscheidet. Das erhöht die Autonomie des Teams, denn es kann selbstständig auf Basis des Product Backlog arbeiten, und bei eventuell aufkommenden Fragen gibt es genau eine Person, die sie beantwortet und entscheidet.

5 Planen der Arbeit für den Sprint: das **Sprint Planning**. Ein Sprint beginnt mit dem Sprint Planning. In diesem Meeting legt das Team fest, welche Aufgaben aus dem Product Backlog es in diesem Sprint fertigstellen kann. Die Teammitglieder können selbst am besten einschätzen, wie viel Arbeit sie erledigen können. Deshalb legen sie fest, wie viel Arbeit sie einplanen. Während des Sprint Planning erläutert der Product Owner noch einmal die wichtigsten Einträge an der Spitze des Product Backlog. Die Teammitglieder wählen aus, wie viele sie davon umsetzen können. Gemeinsam formulieren sie dabei ein Sprint-Ziel, das den Kern des Sprints in Worte fasst. Während dieses Meetings erarbeitet das Team einen Arbeitsplan für den Sprint, der festlegt, wie die Teammitglieder das Ergebnis erreichen wollen. Während des Sprint Planning wird der Sprint vorhersehbar gemacht, indem das Team seinen eigenen Arbeitsplan mit Blick auf die wichtigsten Ergebnisse erstellt.

6 Der Arbeitsplan für den Sprint: das **Sprint Backlog**. Das Sprint Backlog ist eine Liste von Anforderungen und zugehöriger Aufgaben. Die Liste wird durch das Team während des Sprint Planning für diesen Sprint erarbeitet. Die meisten Teams hängen das Sprint Backlog an ein Board oder an die Wand. Mit Spalten wie »Zu Erledigen«, »In Arbeit« und »Fertig« (*done*) informieren sich die Teammitglieder gegenseitig über den Arbeitsfortschritt, und auch für Außenstehende wird deutlich, wo das Team steht. Das Sprint Backlog ist begrenzt (im Gegensatz zum Product Backlog, das im Prinzip unendlich sein kann), weil ein Sprint mit begrenzter Zeit und begrenzten

Mitteln und einer festen Kapazität immer zu funktionierenden und vorhersagbaren Ergebnissen führen soll.

7 Tägliche Neujustierung und -planung: das **Daily Scrum**. Das Daily Scrum ist das tägliche Meeting, in dem das Team prüft, ob der Sprint wie erwartet verläuft, und in dem Teammitglieder einander um Unterstützung bitten (soweit das noch nicht geschehen ist). Das Daily Scrum wird in der Praxis auch *Standup*, *Daily* oder *Tagesstart* genannt. Um dafür zu sorgen, dass das Sprint Backlog aktuell und realisierbar bleibt, besprechen die Teammitglieder jeden Tag seine Aktualität. Innerhalb von maximal fünfzehn Minuten wird geprüft, ob das Sprint-Ziel noch erreicht werden kann und der Sprint die angestrebten Ergebnisse liefern wird. Ist das nicht der Fall, muss der Plan angepasst werden. Das Daily Scrum ist deshalb de facto ein Meeting, um erneut zu *planen*. Daneben spielt das Daily Scrum eine wichtige Rolle bei der Etablierung eines täglichen Rhythmus im Team. Dieses Meeting findet deshalb jeden Tag zur selben Zeit und am selben Ort statt.

8 Klarheit bezüglich Qualität und darüber, wann die Arbeit fertig ist: die **Definition of Done (DoD)**. Die Definition of Done ist eine Checkliste miteinander getroffener Vereinbarungen. Jeder Sprint liefert funktionierende Ergebnisse, die Geschäftswert beinhalten. Aber was ist genau mit »funktionierend« gemeint? Was kontrollieren die Beteiligten eigentlich in einem Sprint-Review? Und wenn die Teammitglieder sagen, das Ergebnis ist »fertig«, was meinen sie dann genau damit? Um das zu verdeutlichen, nutzt Scrum diese dritte Liste (DoD): eine Liste mit generischen Qualitätskriterien, die festlegen, wann das funktionierende Ergebnis wirklich fertig ist.

9 Feedback einholen und Wert festlegen: das **Sprint-Review**. Um für frühzeitiges Feedback zu sorgen, das dann so schnell wie möglich verarbeitet wird, gehört zu jedem Sprint ein Sprint-Review. In diesem Meeting wird untersucht, ob das Ergebnis wirklich so viel Wert liefert wie erwartet und ob das Product Backlog angepasst werden muss. Dabei steht im Vordergrund, zum Sprint-Review solche Kunden, Anwender und andere Stakeholder einzuladen, die echtes Feedback geben können. Das Meeting ist deshalb kein interner Termin von Team und Product Owner (was in der Praxis einer der am häufigsten begangenen Fehler ist!). Entscheidend ist, dass das Team gemeinsam mit dem Product Owner von allen Stakeholdern Feedback bekommt zu dem, was umgesetzt wurde und was umgesetzt werden soll, und dazu, wie wertvoll das noch ist. Ohne den Input der Stakeholder im Sprint-Review wird Feedback nicht zu einem früheren Zeitpunkt

eingeholt und damit verringert sich die Kraft von Scrum enorm.

10 Lernen und verbessern: die **Sprint-Retrospektive**. In jedem Sprint wird zu einem festen Zeitpunkt untersucht, was noch verbessert werden kann. Das geschieht in der Sprint-Retrospektive. Sie findet vorzugsweise statt, wenn das Feedback zum Ergebnis bereits eingeholt wurde, also am besten direkt im Anschluss an das Sprint-Review. Auf Basis der Erfolge des aktuellen Sprints wird reflektiert und werden Maßnahmen beschlossen, um sich im folgenden Sprint weiter zu verbessern. Das Ergebnis der Retrospektive ist mindestens eine Verbesserungsmaßnahme, die im kommenden Sprint implementiert wird. Deshalb kann die Maßnahme auch in das Sprint Backlog des nächsten Sprints aufgenommen werden.

11 Scrum wirklich funktionieren lassen: der **Scrum Master**. Um dafür zu sorgen, dass Sprints nach Plan verlaufen und das Team und der Product Owner das tun, was von ihnen erwartet wird, wird ein coachender (Beg-)Leiter gebraucht. Der Scrum Master (die dritte Rolle in Scrum) ist nicht der Vorgesetzte des Teams, sondern ein Coach, der sicherstellt, dass die Zusammenarbeit gut funktioniert, dass jedem die an das Team gestellten Erwartungen klar sind, und vor allem, dass im Umfeld des Teams keine Hindernisse auftreten. Der Scrum Master sorgt dafür, dass sich das Team kontinuierlich verbessert, dass die Zusammenarbeit mit dem Product Owner immer effektiver erfolgt und Scrum in die Organisation eingebettet wird.

12 Ein selbstorganisiertes Team: das **Scrum-Team**. Der Product Owner, das Team und der Scrum Master bilden zusammen das Scrum-Team. Eine Person kann innerhalb dieses Konstrukts theoretisch mehrere Rollen übernehmen, doch davon ist stark abzuraten, da Scrum an sich schon schwierig genug ist. Und wenn man dann noch mehrere Hüte aufhat, wird die Sache nicht übersichtlicher. Was in Scrum wirklich verboten ist, ist Scrum Master und Product Owner zugleich zu sein. Das funktioniert nicht. Man kann ein Scrum-Team gut mit einem Ruderteam vergleichen. Die Teammitglieder sind die Ruderer, der Product Owner ist der Steuermann und der Scrum Master der Coach, der am Ufer mit dem Rad nebenher fährt und Verbesserungsvorschläge erteilt.

13 Die Arbeit immer weiter zerteilen: das **Product Backlog Refinement**. Das Team und der Product Owner überarbeiten gemeinsam das Product Backlog und zerteilen es in Aufgaben von umsetzbarer Größe. Da mit jedem Sprint

Aufgaben von der Spitze des Product Backlog fertiggestellt werden, wandern Anforderungen von selbst nach oben. Auch diese Anforderungen müssen in kleinere Pakete zerlegt werden. In der Praxis verwenden die meisten Teams etwa zwei Stunden pro Woche für das *Product Backlog Refinement*, doch das kann, abhängig von Kontext, Team und den Anforderungen selbst, auch völlig anders aussehen. Ziel ist es, kontinuierlich neue Informationen zu verarbeiten und dem Product Backlog den erforderlichen Tiefgang zu geben. Beim Product Backlog Refinement kommen diverse Arbeitsweisen zum Einsatz. Manchmal werden auch Schätzungen vorgenommen (z. B. mit Planning Poker, siehe Kapitel 20). Das wichtigste Ziel des Product Backlog Refinement ist jedoch, die Anforderungen an der Spitze des Product Backlog klein, verständlich und umsetzbar zu gestalten.

Nach jedem Sprint beginnt sofort der nächste. Ein Sprint ist eine feste Periode, die immer gleich lang ist. Dadurch entsteht ein Rhythmus, in dem schrittweise funktionierende Ergebnisse geliefert werden. Sprints mit einer Länge von einer Woche sind zu bevorzugen, weil sie gut zum üblichen Rhythmus unseres täglichen Lebens passen. Auf diese Weise kann wöchentlich der Kurs korrigiert werden. Sollte das nicht so oft erforderlich sein, können Sprints auch länger sein, jedoch nie länger als ein Monat.

Die Flexibilität von Scrum wird über das Product Backlog realisiert. Die Vorhersagbarkeit von Scrum erwächst aus dem Sprint Backlog. Die Verwendung dieser beiden verschiedenen Backlogs ist in Scrum unabdingbar. Das Product Backlog kann weit in die Zukunft schauen und so ungeahnt flexibel sein. Das gelingt jedoch nur dann, wenn das Sprint Backlog genau einen Sprint weit vorausschaut und bezüglich der Ergebnisse am Sprint-Ende keinerlei Flexibilität zulässt. Was für ein bemerkenswerter Kontrast: vollkommende Flexibilität darüber, was in den kommenden Sprints geliefert werden kann, auf der Basis völliger Inflexibilität bezüglich der Ergebnisse, die im aktuellen Sprint geliefert werden. Der Grund für diesen Widerspruch liegt darin, dass Flexibilität mit Vorhersagbarkeit kombiniert werden soll. Und darum gibt es in Scrum die zwei Arten von Backlogs.

6

BEDEUTET AGILITÄT HASTIGES ARBEITEN?

VIELE ORGANISATIONEN GEHEN ZU EINER AGILEN ARBEITSWEISE ÜBER, UM SCHNELLER AUF VERÄNDERUNGEN IM MARKT ODER SICH WANDELNDE ANFORDERUNGEN VON KUNDEN REAGIEREN ZU KÖNNEN. DOCH IST SCHNELLER AUCH IMMER BESSER? FÜHRT EIN STARKER FOKUS AUF KURZFRISTIGE FUNKTIONALITÄT NICHT LANGFRISTIG ZU QUALITÄTSPROBLEMEN? HEISST ES NICHT »EILE MIT WEILE«? IN DER PRAXIS ZEIGT SICH, DASS SICH DAS BEI AGILEM ARBEITEN ANDERS VERHÄLT. KURZE ITERATIONEN SCHEINEN BEREITS FRÜHZEITIG ZU EINER HÖHEREN QUALITÄT ZU FÜHREN. NATÜRLICH SIND MIT AGILEM ARBEITEN AUCH RISIKEN VERBUNDEN. DOCH IN KURZEN ZYKLEN ZU LIEFERN, IST ETWAS VÖLLIG ANDERES ALS HASTIG ERLEDIGTE ARBEIT.

Qualität erst am Ende zu testen, ist gefährlich

Die klassische Herangehensweise an Qualität besteht im nachträglichen Kontrollieren und Testen. Ein Ergebnis ist erst dann fertig, wenn es geprüft wurde und alle eventuell gefundenen Mängel behoben sind. Kontrolle und Testen, die beiden wichtigsten Maßnahmen zur Qualitätssteigerung, werden auf diese Weise erst ganz am Ende umgesetzt. Bei möglichen Verzögerungen gerät deren Durchführung unter Zeitdruck und so ist das gelieferte Ergebnis oft verspätet, zu teuer oder nicht gut genug. Daher ist es im klassischen Ansatz erforderlich, den Leistungsumfang (Scope) einzufrieren (siehe auch Kapitel 11). Denn Änderungen des Umfangs führen zu zusätzlichem Aufwand, wodurch die qualitätssteigernden Aktivitäten weiter beeinträchtigt werden. Darüber hinaus wird Qualität beim klassischen Vorgehen durch Prozesse und Richtlinien sichergestellt. Die Erwartung ist, dass ein guter Prozess Voraussetzung für ein gutes Ergebnis ist. Das ist durchaus verständlich: Wenn das Ergebnis erst am Ende geliefert wird, hat man nur die Möglichkeit, sich auf den Entwicklungsprozess zu konzentrieren.

Vom Prozess- zum Ergebnismanagement

Agiles Arbeiten basiert auf einem völlig anderen Ansatz. De facto zwingt Agilität zur kontinuierlichen Lieferung von Qualität. Das Ergebnis ist immer »fertig« – nicht erst am Ende, sondern kontinuierlich. In der Praxis bedeutet das, dass Teams mit jeder Iteration funktionierende und wertvolle Ergebnisse liefern. Je früher Probleme erkannt werden, desto mehr Zeit bleibt, diese richtig zu lösen. Agiles Vorgehen verlangt, dass das Ergebnis zu jedem Zeitpunkt das angestrebte Qualitätsniveau aufweist. Deshalb wird das Testen der Qualität so weit wie möglich automatisiert, am besten zu 100 Prozent. Qualitätstests am Ende sind damit überflüssig geworden.

Darüber hinaus besteht weniger Bedarf an umfangreichen Prozessbeschreibungen und Richtlinien. Schließlich wird das Ergebnis nicht erst am Ende, sondern kontinuierlich geliefert. Wenn man ständig die Kontrolle über das Ergebnis und dessen Qualität hat, wozu braucht es dann noch die Kontrolle über den Prozess? Die Ergebnisse gibt es ja schon. Deshalb liegt bei agilem Arbeiten der Schwerpunkt viel stärker auf Zusammenarbeit und Wissensaustausch als auf Prozessen und Richtlinien. Schließlich sorgen die Teams für die Ergebnisse, und das kontinuierlich. Darum müssen auch alle erforderlichen Kompetenzen in einem multidisziplinären Team vorhanden sein, also auch Wissen und Fähigkeiten im Bereich der Qualitätsprüfung und Testautomatisierung. Und so liegt die gesamte Arbeit im Team – das fördert die Zusammenarbeit innerhalb des Teams –, statt etwas an ein anderes Team weiterzugeben, das für die Qualitätskontrolle verantwortlich ist. Auf diese Weise läuft der Lernprozess zur Lieferung von Qualität innerhalb des Teams ab, und es ist nicht mehr erforderlich, das durch Übergaben an andere Teams oder durch Prozesse und Dokumente zu sichern. Selbstorganisierte, agile Teams haben alle Freiheit, eigene Entscheidungen zu treffen, die sich jetzt und in Zukunft auf Qualitätsaspekte auswirken. Sie sind und bleiben für diese Qualität verantwortlich.

Ein bisschen agil funktioniert nicht

Dennoch ist nicht alles Gold, was glänzt. In der Praxis zeigt sich, dass viele Unternehmen schon von Anfang an nicht begreifen, was Agilität genau bedeutet. Sie glauben, alles gut verstanden zu haben, übersehen jedoch, was sie noch alles lernen und entdecken können. Der Effekt davon ist oft, dass Agilität nur halbherzig eingeführt wird, und das führt natürlich zu schlechter Qualität – beispielsweise in Organisationen, die direkt aus dem Business heraus gesteuert werden. Ein Product Owner, der dann vorrangig auf kurzfristige Ergebnisse fokussiert ist, verliert so den Blick auf die Qualität des Gesamtergebnisses. Das ist vor allem in Organisationen mit wenig Wissen über und wenig Erfahrung mit agilem Arbeiten zu beobachten. Die Teams haben dann nur unzureichenden Einblick in die damit verbundenen Risiken und übernehmen oft nicht die Verantwortung, dauerhaft Qualität zu liefern. Ein gutes Gespräch auf Augenhöhe über Risiken und Qualität erfordert mündige Teams und Product Owner, die Verantwortung sowohl für kurz- als auch langfristige Qualität übernehmen.

Ein anderes Beispiel, das uns leider immer wieder in der Praxis begegnet, ist die Trennung zwischen Change und Run. Das Team, das die Ergebnisse liefert, ist dann ein anderes als das Team, das sie betreibt. Mit anderen Worten: Das Team, das ein Produkt entwickelt, setzt es selbst nicht ein und hat daher auch keinen Kontakt zu Kunden. Und das Team, das ein Produkt einsetzt, ist nicht in der Lage, daran Veränderungen oder Verbesserungen vorzunehmen. Das ist unerwünscht. Ein Team muss in allen Phasen ganzheitlich für die Qualität verantwortlich sein. Kurzsichtigem Denken kann man vorbeugen, indem alle Aufgaben im selben Team verortet sind: von der Idee bis zum Ergebnis und von der Entwicklung bis zu Wartung und Betrieb. Die Art und Weise, wie sich Organisationen aufstellen, ist derzeit diesbezüglich leider noch ziemlich störrisch – mit allen negativen Folgen für die Qualität. Auch die von agilen Teams.

Maximaler Wert bei minimalem Risiko

Die Essenz agilen Arbeitens besteht nicht darin, so viele Aufgaben wie möglich in eine kurze Iteration zu zwängen. Agilität bedeutet nicht *quick & dirty*. Agiles Arbeiten ist etwas völlig anderes als hastiges Arbeiten. Die Kunst besteht darin, auf intelligente Weise Anpassungen mit maximalem Wert vorzunehmen, dabei die Risiken zu minimieren, indem die Anpassungen so klein und einfach wie möglich gehalten werden, und vollständig automatisiert die Qualität zu kontrollieren. So erhält man jederzeit geprüfte Qualität. Nicht erst am Ende, sondern vom allerersten Moment an.

6.1 SIEBEN GRÜNDE, WARUM AGILITÄT GERADEZU QUALITÄT ERZWINGT

1 **Rhythmus und Gleichtakt.** Agilität sorgt für einen festen, wiederkehrenden und visuellen Prozess, der sich mit jeder Iteration wiederholt. Wiederholung sorgt für Rhythmus und ein stabiles Tempo. Das verringert die Wahrscheinlichkeit von Qualitätsproblemen, wenn unter Druck gearbeitet werden muss. Teams wissen genau, was gebraucht wird, um Ergebnisse zu liefern. Und sie lernen, wie viele Aufgaben sie bewältigen können, ohne Abstriche an der Qualität machen zu müssen.

2 **Qualität ist explizit und steht nicht zur Disposition.** Agiles Arbeiten zwingt dazu, Dinge fertigzustellen. Denn nach jeder Iteration müssen die Ergebnisse wirklich fertig sein: funktionierend und auf Qualität geprüft. Qualitätskontrolle ist also keine Abschlussaktivität, die unter Zeitdruck geraten kann, sondern erhält von Anfang an die Aufmerksamkeit, die ihr zusteht. Das wird beispielsweise in Scrum durch die Definition of Done explizit gemacht: Etwas ist erst dann fertig, wenn alle Qualitätskriterien erfüllt sind. Und das gilt in jeder Iteration aufs Neue. Auf diese Weise machen Teams keine Abstriche an der Qualität, sondern am Leistungsumfang.

3 **Kontinuierlicher Lernprozess.** Kurze Iterationen sorgen dafür, dass man schneller lernt und das neu erworbene Wissen direkt in der Praxis anwenden kann. Kurze Iterationen ermöglichen auch, dass Gelerntes sofort in Maßnahmen umgesetzt werden kann, von denen das Team selbst unmittelbar profitiert. Außerdem lernen Teams, weshalb eine bestimmte Funktion gewünscht wird oder auch nicht. So wird viel schneller klar, was der Kunde wirklich braucht und aus welchem Grund.

4 **Wert als Steuerungsinstrument.** Agilität unterstützt dabei, sofort Wertvolles zu liefern und zu prüfen. Die Steuerung und Neuausrichtung der Arbeit basiert kontinuierlich auf der Frage: Tun wir das Richtige? Denn agiles Arbeiten zwingt zu einer engen Zusammenarbeit mit dem Kunden und dazu, kontinuierlich dessen Feedback einzuholen. Es wird lediglich in groben Zügen und auf Basis von (Wert-)Zielstellungen vorausgeplant. Die konkreten Details werden nur für die kommenden Sprints und nicht für Aufgaben erarbeitet, die noch lange nicht an der Reihe sind. Teams lernen zu entdecken, worin der wahre Wert besteht. Und all das am besten mit weniger Aufwand, denn je

weniger man tun muss für mehr Ergebnisse, desto größer ist die Rendite und desto eher kann man sich etwas anderem zuwenden.

5 **Keine großen Projekte mehr.** Agilität zwingt dazu, große Dinge zu zerschneiden. Große Projekte scheitern häufig. Kleine nicht. Agilität zerteilt ein großes Problem in viele kleine, die dann schrittweise (iterativ) gelöst werden. Die Risiken sind dadurch kleiner und früher sichtbar. Die Teams haben einen klaren Fokus, arbeiten immer nur an einer begrenzten Anzahl von Aufgaben gleichzeitig und stellen diese wirklich fertig. Das verringert das Risiko, sich selbst im Weg zu stehen, und fördert schnellere Lösungen.

6 **Automatisierung von Qualität.** Der Business Case für automatisierte Qualitätskontrolle ist bei agilem Arbeiten ungleich höher. Fortwährend werden vollständige Integrations- und Regressionstests durchgeführt – mindestens jedoch einmal pro Iteration. Kontinuierliches automatisiertes Testen von Qualität ist eine Notwendigkeit und auch finanziell interessant. Im Grunde sollten alle sich wiederholenden Aufgaben so weit wie möglich automatisiert sein. Das beschleunigt den Prozess und macht Qualität vorhersagbar. Zudem verschafft es dem Team Zeit, das zu tun, worin es wirklich gut ist: seine eigentliche Arbeit.

7 **Autonome Teams.** Agilität zwingt dazu, selbstständig in multidisziplinären Teams zu arbeiten. So sitzen die Fachgebiete dicht beieinander. Die Verantwortung für Qualität liegt im Team. Traditionell gibt es zwischen den Fachgebieten einen Abstand, zum Beispiel indem die Aufgaben über verschiedene Abteilungen verteilt werden. Das senkt das Verantwortungsgefühl und sorgt für Wissensverlust bei der Übergabe. Wenn man jedoch sogar nachts wachgeklingelt werden kann, weil die Qualität ungenügend ist, erscheint eine quick & dirty-Lösung auf einmal deutlich weniger interessant.

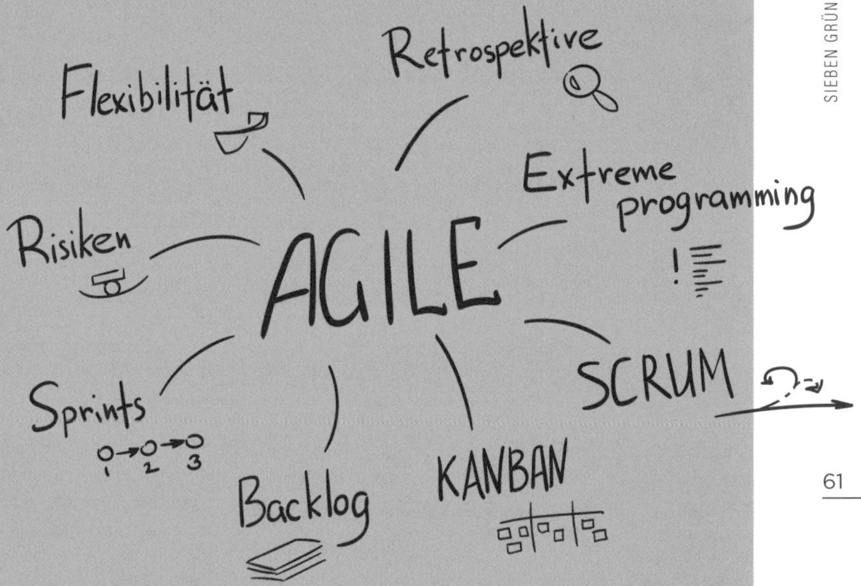

6.2 AGILITÄT UND DIE DEFINITION OF DONE

Bei Agilität geht es oft um Schnelligkeit. Darin verbirgt sich ein gewisses Paradoxon. Schnell fertigstellen klingt wie gehetzt arbeiten. Und wir wissen: Das ist selten gut. Iterationen liefern ein fertiges Produkt – und es ist wirklich fertig. Es gibt keine offenen Enden oder quick & dirty-Lösungen. Qualität wird nicht erst am Ende eingebracht (denn wir wissen, dass das nicht funktioniert), sondern jede Iteration liefert gute Qualität. Immer fertig, immer qualitätsgeprüft. Das ist in vielen Organisationen nicht einfach umzusetzen. Ein häufiges Missverständnis entsteht zum Beispiel, wenn von einem MVP (*Minimum Viable Product*) gesprochen wird. MVP ist ein gebräuchlicher Begriff in der agilen Arbeitswelt. Doch im Begriff schlummert bereits die Gefahr von geringerer Qualität. Das kommt daher, dass MVP mit minimal beginnt. Minimal klingt wie: ein bisschen gut, also nicht gut, sondern nur halbe Qualität. Doch ein MVP ist wirklich vor allem eins: ein Produkt! Ein Produkt, das funktional ist. Also fertig, d.h. von vollständiger Qualität. Vielleicht besitzt es nur minimale Funktionalität, aber auf jeden Fall ist es ein fertiges und nutzbares Produkt. Eigentlich müsste man deshalb statt von MVP besser von einem PVM sprechen.

Doch wie erreicht man, dass kleine Schritte Ergebnisse hervorbringen, die wirklich fertig sind? Ein wichtiges Hilfsmittel ist die *Definition of Done* (DoD). Die DoD (die aus Scrum stammt) ist eine Liste von Kriterien, denen ein Produkt, ein Ergebnis oder eine Dienstleistung genügen muss, ehe man sagen kann, dass es fertig ist. Und da vereinbart wird, dass das Ergebnis einer Iteration immer fertig sein muss, muss es auch immer der DoD genügen. Wenn man diese nicht explizit macht, bleibt es dem Zufall überlassen, was »fertig« bedeutet. Und das geht natürlich nicht, denn jede Iteration muss Qualität liefern. Somit ist die DoD ein entscheidendes Instrument beim agilen Arbeiten.

Bei Agilität geht es oft um Schnelligkeit. Darin verbirgt sich ein gewisses Paradoxon. Schnell fertigstellen klingt wie gehetzt arbeiten. Und wir wissen: Das ist selten gut.

Ein wichtiges Hilfsmittel ist die *Definition of Done* (DoD). Die DoD ist eine Liste von Kriterien, denen ein Produkt, ein Ergebnis oder eine Dienstleistung genügen muss, ehe man sagen kann, dass es fertig ist.

Was genau in der DoD steht, ist kontextabhängig. Es hängt vom Produkt, der Dienstleistung, der Umgebung, den Aufsichtsbehörden, dem Kunden und Ähnlichem ab. Deshalb ist es schwierig, eine generische DoD zu beschreiben. Oft ist die Rede von einer Summe von Aufgaben, die erledigt sein müssen (z.B. Dokumentation erstellen, Tests durchlaufen, Zertifikatstests durchführen), und Zielen, die erreicht werden müssen (100 Prozent Regressionstests, Product Owner ist einverstanden, Akte ist abgeschlossen). Teams bei der Planung und dem Liefern von Ergebnissen zu unterstützen, ist das wichtigste Ziel der DoD. Genügt das Ergebnis nicht der DoD? Dann ist es nicht fertig. Das ist auch nicht schlimm. Es ist viel schlimmer, zu behaupten, etwas sei fertig, wenn dem überhaupt nicht so ist. So gesehen ist die DoD ein wichtiges Hilfsmittel, um Qualität explizit zu machen und auf sie hinzuarbeiten.

Rund um die DoD gibt es ein großes Missverständnis. In vielen Organisationen herrscht nämlich die Meinung vor, die DoD sei eine Liste von Dingen, die einem Team auferlegt werden, eine Art Liste von obligatorischen Forderungen, die erfüllt werden müssen. Das Risiko dabei ist, dass diese DoD nicht als eine Liste des Teams, sondern als die Liste von jemand anderem angesehen wird. Dadurch sinkt das Commitment eines Teams bezüglich einer solchen DoD. Es sind eben nicht seine Kriterien, sondern eine Liste von außen auferlegter Bedingungen.

Die Idee hinter der DoD ist genau andersherum: Die DoD verdeutlicht, was es bedeutet, wenn ein Team sagt, dass etwas fertig ist. Diese Liste umfasst keine externen Forderungen, sondern eine interne Erläuterung und Klarstellung. Es ist die Liste des Teams.

Und wenn die Forderungen der Außenwelt nun höher sind als die DoD eines Teams, was dann? Dann ist das ein guter Ausgangspunkt für eine Diskussion mit dem Team, was getan werden kann, um dafür zu sorgen, dass diese Forderungen auch zum Teil der DoD werden. Das heißt nicht auferlegen, sondern selbst entscheiden lassen. Erst dann weiß jeder genau, was »fertig« bedeutet.

7

AGILE TRANSFORMATIONEN

EINE AGILE TRANSFORMATION LÄSST SICH AM BESTEN MIT EINEM SCHRITTWEISEN RHYTHMUS VON ITERATIVEN VERÄNDERUNGEN DURCHFÜHREN. ODER BESSER GESAGT: AGILITÄT EINFÜHREN MACHT MAN AGIL!

Agile Transformationen sind komplex

Aufgrund der wachsenden Dynamik im Markt und der Notwendigkeit weitgehender Flexibilität vollziehen viele Unternehmen eine rigorose Umwandlung hin zu agilen Organisationen. Sie führen Agilität organisationsweit top down als Standardarbeitsweise ein. Derartige Transformationen werden durchweg in großem Stil und mit viel Aufmerksamkeit seitens des Managements angegangen. Neben einer neuen Arbeitsweise werden auch Reorganisationen, neue Karrierepfade, Sozialpläne, Umschulungsprogramme und Ähnliches eingeführt. Das alles sind komplexe Veränderungen, die viele Monate oder Jahre dauern und enorm einschneidend und riskant sind.

Der Nutzen eines Plans besteht vor allem im Rückhalt

Die meisten großen Organisationen haben eine Menge Erfahrung mit umfangreichen Veränderungen. Diese werden planmäßig und kontrolliert mittels Best Practices, Drehbüchern, erfahrener Programmmanager, komplizierter Präsentationen, *Gantt-Diagrammen* und vielem mehr umgesetzt. Bei einer agilen Transformation funktioniert solch ein planmäßiger Ansatz nicht, da dabei so viel Dynamik und Unsicherheit im Spiel ist, dass ein traditioneller Plan schnell veraltet und sehr häufig tiefgreifend aktualisiert werden muss. Die Praxis zeigt, dass ein solcher Plan bei einer agilen Transformation nur dabei hilft, alle Betroffenen im Vorfeld abzuholen und ihnen das Gefühl zu vermitteln, dass ihre Interessen berücksichtigt werden. Doch es ist völlig klar, dass die Transformation niemals nach diesem Plan ablaufen wird.

Agile Transformationen führt man auch agil durch

Was wirklich funktioniert ist, die agile Transformation in kleinen Schritten durchzuführen, denn dann erfolgen die Veränderungen sowohl kontrolliert als auch flexibel (siehe Abschnitt 7.2). Das bedeutet, dass in groben Zügen geplant und dieser Plan danach in kleine Schritte unterteilt wird, wobei dann immer nur die nächsten, kurzfristigen Schritte detailliert ausgearbeitet werden. Jeder Schritt liefert konkrete Zwischenergebnisse, auf deren Grundlage der Plan erneut angepasst werden kann. Also – Kurskorrekturen auf Grundlage konkreter Ergebnisse und Erfahrungen.

Das erfordert jedoch viel Wissen über und Erfahrung mit Agilität bei denjenigen, die diese Transformation leiten. Das aktuelle Linienmanagement und die Programmmanager verfügen in der Regel nicht über ausreichendes Wissen und sind deshalb nicht geeignet, die Transformation selbst durchzuführen. Die jährliche Studie von VersionOne

Aufgrund der wachsenden Dynamik im Markt und der Notwendigkeit weitgehender Flexibilität vollziehen viele Unternehmen eine rigorose Umwandlung hin zu agilen Organisationen.

(*The 11th Annual State of Agile Report*, 2017) nennt für das Jahr 2017 als Top 3 der Engpässe für eine agile Transformation:

1. Die heutige Kultur (63 %)
2. Ein Mangel an Erfahrung mit Agilität (47 %)
3. Das heutige Management (45 %)

Da Punkt 1 und 2 in der Verantwortung des Managements liegen, zeigt die Studie somit, dass das Management häufig den größten Engpass einer agilen Transformation bildet.

Groß angelegte, top down durchgeführte agile Transformationen erfordern eine Herangehensweise, die selbst agil ist. Damit ist es möglich, schnell Ergebnisse zu erzielen und dann auf der Grundlage konkreter Ergebnisse und veränderter Bedürfnisse den Kurs anzupassen. Dafür kann ein Plan genutzt werden (siehe Abschnitt 7.1), unter der Bedingung, dass dieser iterativ erstellt wird. Ein solcher Schritt-für-Schritt-Plan beschreibt einen Rhythmus auf dem Weg zum Ziel, wobei zwischendrin Kurskorrekturen auf der Grundlage dessen vorgenommen werden, was funktioniert und was nicht. Und das ist de facto das Wesentliche, wodurch eine agile Transformation erfolgreich verläuft: Lernen durch Handeln. Denn durch Handeln lernt man nun mal mehr als durch Nachdenken.

Obwohl ein planmäßiges Vorgehen aufgrund der großen Dynamik und Volatilität derartiger Umgestaltungen für eine agile Transformation nicht funktioniert, ist es doch möglich, sie in einem festen Rhythmus und schrittweise auszuführen. Der Schritt-für-Schritt-Plan in Abschnitt 7.1 hat sich inzwischen weitgehend in der Praxis bewährt.

7.1 EINE AGILE TRANSFORMATION IN NEUN SCHRITTEN

1 **Legen Sie den Umfang fest.** Wenn der Umfang einer agilen Transformation explizit gemacht wird, entsteht Klarheit bei allen Beteiligten: Was wird sich verändern und was (jetzt noch) nicht? Der Umfang wird nach einiger Zeit angepasst werden müssen. Schließlich ist eine Transformation eine Reise. Nach jeder Phase folgt wieder die nächste.

2 **Untersuchen Sie die (Ausgangs-)Situation.** Jede agile Transformation ist einzigartig. Deshalb empfiehlt sich zu Beginn eine Analyse, die eine Übersicht über den aktuellen Status verschafft und klärt, an welchen Stellen die Einführung von Agilität am sinnvollsten ist und welche speziellen Hindernisse es gibt. Das Ergebnis der Analyse ist eine Basismessung, die Einblick in die Ausgangssituation und Klarheit über den Startpunkt der Transformation liefert.

3 **Kommunizieren Sie das Warum und die Dringlichkeit.** Die Durchführung einer agilen Transformation gelingt nur dann, wenn sie sinnvoll ist und eine ausreichende Dringlichkeit besteht. Deshalb ist es erforderlich, die Gründe für die Transformation explizit zu formulieren und zu kommunizieren, sodass darüber bei allen Beteiligten ein eindeutiges Bild entsteht. Legen Sie das Ziel quantitativ fest, sodass im Laufe der Transformation der Fortschritt konkret gemessen werden kann.

4 **Erstellen Sie eine Skizze.** Transformationen brauchen eine Richtung. Die Skizze ist eine erste Visualisierung, wie die neue Organisation aus lauter markt- und kundenorientierten Teams aufgebaut werden könnte, die völlig autonom und unabhängig arbeiten. Die Skizze erlaubt einen Blick in die Zukunft und wird im Laufe der Transformation anhand konkreter Ergebnisse weiter ausgestaltet und angepasst werden. Deshalb ist es auch eine »Skizze«.

5 **Legen Sie die Veränderungsstrategie fest.** Verläuft die Transformation in Phasen oder viral oder vielleicht mit einem Big Bang? Alle diese drei (und Hybrid-)Varianten sind möglich. Es kommt nur darauf an, dass eine feste Veränderungsstrategie verfolgt wird. Welche am besten passt, ist immer vom Umfeld und den Menschen in diesem Umfeld abhängig. Wichtig ist nur, dass es eine Strategie gibt und dass diese bewusst gewählt wurde.

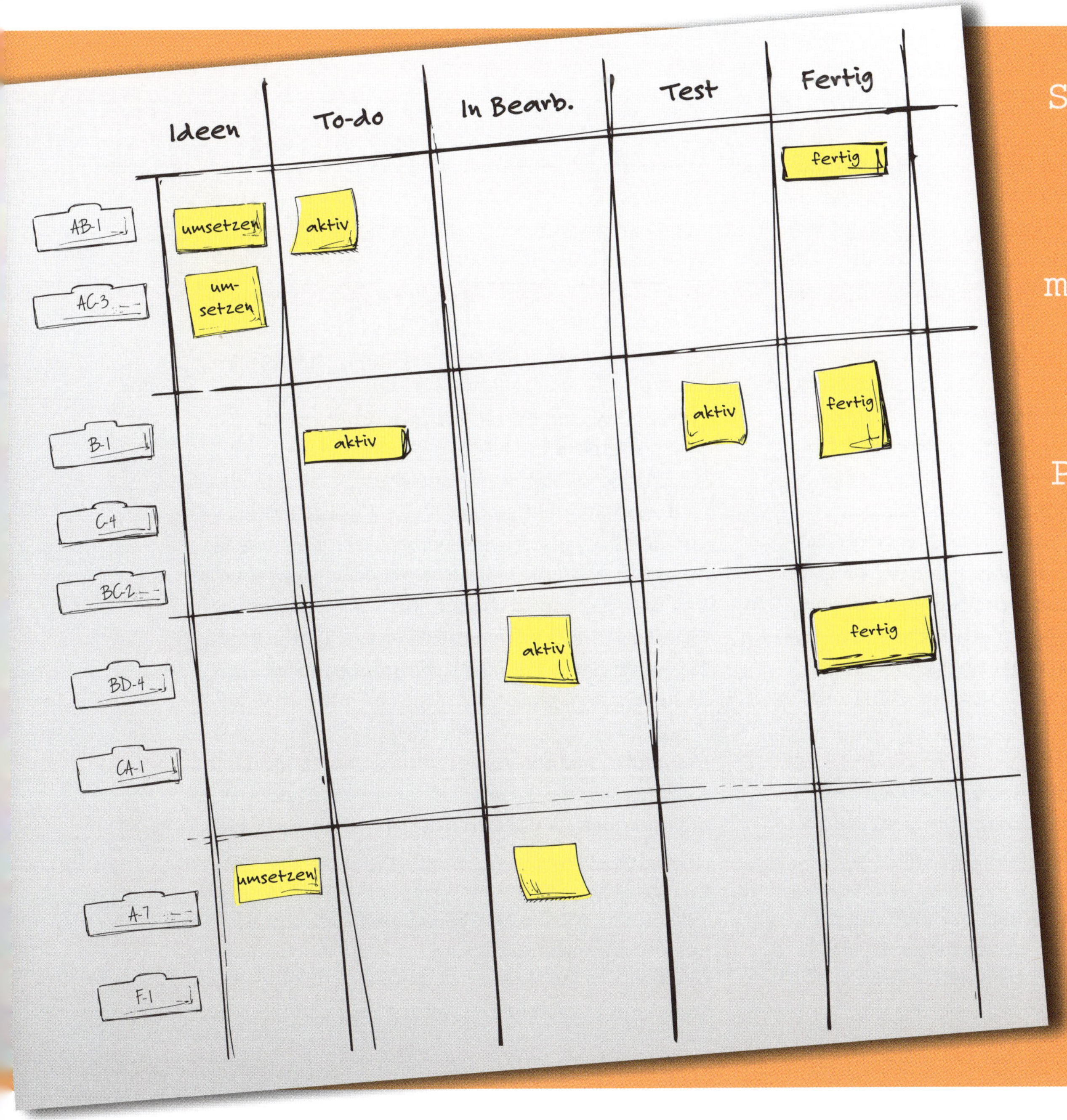

Schließlich ist eine Transformation eine Reise. Nach jeder Phase folgt wieder die nächste.

Die Praxis zeigt, dass Sprint-Längen von einer Woche sehr effektiv sind, weil dadurch schnell und flexibel gearbeitet wird. Zudem tragen kurze Sprints dazu bei, dass Aktionen klein und ergebnisorientiert bleiben.

6 **Erstellen Sie eine Transformations-Roadmap.** Dadurch wird die Reihenfolge festgelegt, in der die Änderungen implementiert werden sollen. Gewöhnlich wird eine solche Roadmap auf einem großen Board oder einem Blatt Moderationswandpapier ausgearbeitet, auf dem die unterschiedlichen Transformationsthemen und -aktionen zeitlich eingeordnet werden, zum Beispiel in Spalten wie: »Dieser Sprint«, »Nächster Monat«, »Dieses Quartal«, »Nächstes Quartal«, »Rest des Jahres«.

7 **Implementieren Sie die Roadmap in kurzen Iterationen.** Richten Sie einen straffen Zyklus für das Transformationsteam ein. Die Praxis zeigt, dass Sprint-Längen von einer Woche sehr effektiv sind, weil dadurch schnell und flexibel gearbeitet wird. Zudem tragen kurze Sprints dazu bei, dass Aktionen klein und ergebnisorientiert bleiben.

8 **Messen Sie den Fortschritt und überarbeiten Sie die Roadmap.** Das explizite Messen des Fortschritts der Transformation, insbesondere inwieweit man dem wirklichen Ziel näher kommt, ist von entscheidender Bedeutung. Darüber hinaus muss die Roadmap regelmäßig aktualisiert werden. Das geschieht zwar wöchentlich auf Detailebene (Schritt 7), doch es ist ebenso wichtig, die Roadmap vierteljährlich intensiver und grundsätzlicher anzupassen (Schritt 8).

9 **Verankern Sie die Veränderungen in Struktur und Kultur.** Veränderungen werden sofort in der normalen Arbeitsweise verankert. Dies kann auf zwei Arten geschehen. Zum einen, indem sie Teil der Governance werden, zum Beispiel über Arbeitsanweisungen, KPIs oder Prozeduren. Viel besser ist es jedoch, die Veränderungen über die Kultur und das tatsächliche Verhalten von Teams und Menschen zu verankern (siehe auch Kapitel 9 und 11).

7.2 DAS PARADOXON KONTROLLIERTER FLEXIBILITÄT

Agile Transformationen sind derart komplex, dass es nichts nützt, im Voraus einen detaillierten Plan zu erstellen. Das einzig Sichere ist nämlich, dass eine agile Transformation nie nach Plan verläuft. Gleichzeitig ist es undenkbar, eine agile Transformation aufs Geratewohl durchzuführen. Einfach ohne Plan loszulegen und dann mal zu schauen, was dabei herauskommt, ist keine Option. Das wäre noch riskanter.

Das klingt paradox. Es scheint unmöglich zu sein, systematisch und strukturiert eine agile Transformation durchzuführen und dennoch die enorme Dynamik und Volatilität einzubeziehen.

Die Frage ist also: Wie sorgt man dafür, dass eine äußert unvorhersehbare, dynamische und hochvolatile Transformation trotzdem kontrolliert und beherrschbar abläuft? Die Antwort liegt eigentlich auf der Hand: indem eine agile Transformation iterativ durchgeführt wird. Agile Transformationen sind sehr komplex. Und wenn Agilität nur eine einzige Sache bewiesen hat, dann sicher die, dass komplexe Probleme eigentlich nur iterativ gelöst werden können: durch Lernen während des Arbeitens in kurzen Zyklen. Diese Herangehensweise nutzt Agilität bei der täglichen Arbeit und sie kann auch bei der agilen Transformation angewendet werden.

Das bedeutet ganz konkret, dass sich eine agile Transformation immer mit klaren Zielen in eine eindeutige Richtung bewegt, der Weg dorthin jedoch iterativ auf der Grundlage von Zwischenergebnissen und Erfahrungen angepasst wird. Das Besondere daran ist, dass diese Art zu transformieren genau dadurch sehr vorhersagbar und kontrollierbar ist. Die Flexibilität steckt nämlich in der Transformations-Roadmap, die kontinuierlich angepasst wird. Und die Vorhersehbarkeit liegt in den kurzen Sprints, die jedes Mal kontrolliert ein realisierbares Ergebnis liefern.

Agile Transformationen sind komplex und verlaufen folglich immer anders, als man im Vorfeld denkt.

8

FALLSTRICKE AGILER TRANSFORMATIONEN

IN IMMER MEHR GROSSEN ORGANISATIONEN WERDEN AGILE ARBEITSWEISEN EINGEFÜHRT. DAS LÄUFT NICHT IMMER GLATT. IN DER PRAXIS TRETEN BEI SOLCHEN TRANSFORMATIONEN OFT DIESELBEN PROBLEME AUF. DAS IST VOR ALLEM DARAUF ZURÜCKZUFÜHREN, DASS DIE EINFÜHRUNG VON AGILITÄT STARK UNTERSCHÄTZT WIRD. DENN AGILES ARBEITEN ERFORDERT VIEL MEHR, ALS MAN MEISTENS IM VORFELD DENKT.

Vollständige Agilität als Strategie

Agilität ist nichts Neues mehr. Oft wird agiles Arbeiten eingeführt, weil der Markt und das Umfeld mehr Schnelligkeit und Flexibilität erfordern, als man derzeit leisten kann. Deshalb muss sich etwas verändern. Man beginnt dann gewöhnlich vorsichtig mit einigen Pilotprojekten oder ersten Projekten. Wenn dadurch ausreichend Vertrauen geschaffen wurde, wird oft schnell die strategische Entscheidung getroffen, vollständig zu agilen Arbeitsweisen überzugehen. Das kommt nicht nur in kleineren Unternehmen vor. Immer häufiger gehen auch große Organisationen zu Agilität als Standard über. Eine Reihe multinationaler Unternehmen, Banken, Produktionsunternehmen und Telekommunikationsgiganten in den Niederlanden durchläuft derzeit Transformationen, bei denen agile Arbeitsweisen eine wichtige Basis für die Zukunft bilden.

Immer dieselben Fehler in Transformationen

Wirklich agil zu werden bedeutet viel mehr, als nur einen neuen Trick zu erlernen. Agilität erfordert das Umformen stark verankerter Strukturen, Prozesse und Systeme. Auch die bestehende Kultur, die tiefer liegenden Auffassungen, Prinzipien, Normen und Werte verschieben sich. Und das ist nicht einfach. Selbst bei einem schnellen Start dauert es schon eher Jahre, bis eine agile Transformation vollständig durchgeführt ist. Da agiles Arbeiten viel mehr bedeutet, als man zunächst denkt, werden die damit verbundenen Auswirkungen in der Praxis eigentlich immer unterschätzt. Deshalb machen viele Organisationen immer wieder aufs Neue die gleichen Fehler bei der Einführung von Agilität (siehe Abschnitt 8.1).

Die Herangehensweise für agile Transformationen

Den Übergang zu Agilität als einen separaten Veränderungsprozess zu strukturieren, scheint in der Praxis gut zu funktionieren. Den ersten Schritt einer solchen Transformation bilden Strategie und Planung. Dabei werden Fragen beantwortet wie: Warum wollen/müssen wir uns verändern, wie sieht die Organisation demnächst aus, was sind gute Zielsetzungen, welche Probleme haben wir dann gelöst? Und natürlich auch: Was ist der Business Case für diese Veränderung, und wie sieht die Planung aus? Solche Fragen mögen auf den ersten Blick nicht sonderlich »agil« erscheinen, doch die Praxis hat gelehrt, dass eine agile Transformation damit beginnt, dass man gut an die aktuelle Situation anknüpft. Im nächsten Schritt wird ein Team zusammengestellt, das die Transformation begleiten, koordinieren und durchführen wird. Dieses Team geht schrittweise vor und arbeitet mit Trainings- und Coaching-Plänen und mit Veränderungswerkzeugen beispielsweise für die Kommunikation, Kultur und Governance. Und es beschränkt

sich dabei nicht nur auf die agilen Teams, sondern schenkt auch allen Beteiligten in deren Umfeld genügend Aufmerksamkeit. Natürlich wurde vorher herausgearbeitet, was von agilen Teams erwartet wird und welche weiteren Rollen noch erforderlich sind, damit die Teams gut funktionieren können.

Bei richtig großen Transformationen wird es noch komplizierter. Agilität mit manchmal Hunderten agiler Teams einzuführen, ist extrem komplex. Dann benötigen der Aufbau der Organisation und die Abstimmung von Abhängigkeiten zwischen Teams ein hohes Maß an Aufmerksamkeit und erfordern kreative Lösungen.

Schlussendlich sind noch notwendige Anpassungen an der Governance und der Kultur erforderlich, um eine agile Arbeitsweise nachhaltig zu verankern (siehe auch Kapitel 9 und 11). Die Einführung von Agilität wird nicht umsonst als Transformation bezeichnet. Es handelt sich dabei um eine schwierige und weitreichende Reise von einer bestehenden zu einer völlig neuen Situation, bei der die Fortschritte durch Versuch und Irrtum erreicht werden. Zwischenzeitliche Rückschläge kommen regelmäßig vor und es tauchen im Laufe der Zeit auch immer wieder neue Ziele und Herausforderungen auf.

Nicht zu transformieren ist keine Option

Die Durchführung einer agilen Transformation ist kein Zuckerschlecken. Was häufig mit einem einzelnen Scrum-Team beginnt, sorgt schnell dafür, dass auf einmal alle bestehenden Werte zur Diskussion stehen. Trotz aller guten Absichten übernehmen sich Organisationen regelmäßig an einer agilen Transformation. Gleichzeitig haben sie oft keine andere Wahl: Der Markt erfordert weitreichende Flexibilität und Schnelligkeit beim Handeln. Nichts zu tun ist deshalb keine Option. Erfahrungen aus der Praxis und Fehler aus der Vergangenheit können dabei helfen, den Verlauf agiler Transformationen immer besser und schneller zu machen.

Den Übergang zu Agilität als einen separaten Veränderungsprozess zu strukturieren, scheint in der Praxis gut zu funktionieren.

8.1 SIEBEN FALLSTRICKE BEI AGILEN TRANSFORMATIONEN

1 **Die Auswirkungen werden gewaltig unterschätzt.** Agile Transformationen sind einschneidend und erfordern oft auch Anpassungen weit außerhalb des Umfelds, in dem sie begonnen werden. So werden beispielsweise agile Teams gebildet und die individuelle Beurteilung der Mitarbeiter wird schnell infrage gestellt – geht es doch dann um die Leistungen des Teams, oder? Ehe man sich versieht, werden HR-Systeme und Beurteilungsprozesse umstrukturiert. Deshalb lohnt es sich, von den Erfahrungen anderer Organisationen zu lernen, zum Beispiel durch Firmenbesuche. So kann antizipiert werden, was alles noch kommen wird. Gleichzeitig ist es ratsam, das Topmanagement mitzunehmen, einzubeziehen und zu informieren. Letztlich betrifft Agilität auf Dauer die gesamte Organisation. Und das gilt nicht allein für die Arbeitsweise, sondern auch für Prozesse und Strukturen und sogar für die Kultur.

2 **Das »Warum« wird nicht gemessen.** Agilität ist kein Selbstzweck. Ihre Einführung dient einem höheren Ziel. Viele Organisationen machen dieses Ziel jedoch nicht explizit. So entsteht Verwirrung über die Beweggründe und jeder legt sich davon seine eigene Version zurecht. In der Folge wird oft nicht gemessen, ob die Transformation den gewünschten Effekt erzielt. Und ohne messbaren Fortschritt steht der Nutzen der Investitionen früher oder später zur Diskussion. Daher ist es sehr wichtig, das Ziel explizit zu machen und zu messen, ob man ihm näher kommt.

3 **Die Unterstützung durch das Management ist in der Organisation zu gering.** Transformationen werden häufig durch eine bestimmte Führungskraft angestoßen. In der Praxis zeigt sich jedoch, dass die gewünschten Veränderungen immer auch Auswirkungen auf angrenzende Abteilungen oder Unternehmen im gleichen Ökosystem haben. Das wird oft vergessen, was dazu führt, dass die höheren Managementebenen zur falschen Zeit die verkehrten Interventionen vornehmen. Das führt zu Beeinträchtigungen und ist kontraproduktiv. Es ist deshalb erforderlich, dass aktive Unterstützung durch das Management von mindestens zwei Levels oberhalb der Ebene erfolgt, auf der Agilität eingeführt wird. Irgendwann kommt der Moment, an dem der CEO selbst die Führung der Transformation übernimmt. Denn letztlich ist eine agile Transformation eine ganzheitliche Veränderung der gesamten Organisation und kann deshalb eigentlich nie ohne die volle Unterstützung durch den obersten Boss erfolgreich sein.

4 **Versagensängste stehen im Vordergrund und es wird zu wenig experimentiert.** Agiles Arbeiten bedarf kurzer Zyklen und kann deshalb gut mit dem Unbekannten umgehen. Das verlangt jedoch von einer Organisation, dass sie mit Unsicherheit, Fehlern und Experimenten zu arbeiten lernt. Eine Angstkultur macht es extrem mühsam, Agilität einzuführen. Solange die Angst vor Fehlern vorherrscht, ist Experimentieren enorm schwierig. Und gerade Experimente sind erforderlich, um agil arbeiten zu können. Denn je schneller man lernt, desto flexibler wird man. Bei Fehlern ist es wichtig, sich auf daraus resultierende Lernerfahrungen und die Zukunft zu konzentrieren. Solange man Angst hat zu scheitern oder wenn bei einem Scheitern vor allem nach dem Schuldigen gesucht wird, wird eine agile Transformation es schwer haben. Bei Agilität geht es um »Learning by doing«. Und erfolgreiches Lernen gelingt einfach nicht, ohne dass Fehler gemacht werden. Angst vor Fehlern ist vielleicht die größte schleichende Gefahr bei jeder agilen Transformation.

5 **Die Bedeutung eines neuen Rhythmus wird nicht verstanden.** Rhythmus ist für agiles Arbeiten unerlässlich. Vielen Organisationen fällt das schwer und sie fügen deshalb die agilen Meetings einfach hinzu, obwohl diese doch die Grundlage bilden sollten. So bleibt die Organisation weiter sehr ad-hoc-orientiert und es steht weniger Zeit für die eigentliche Arbeit zur Verfügung. Aber erst durch diesen neuen Rhythmus wiederkehrender Meetings wird die Anpassung vollzogen! Falls dann etwas Unerwartetes auftaucht, führt das nicht zu Eskalation, denn Fragen und Probleme können in bestehenden Rhythmen aufgefangen werden. Das bietet Sicherheit und Struktur. Es erfordert jedoch einen neuen Rhythmus in den Agenden und das vollständige Streichen aller bisher üblichen Meetings.

6 **Es wird lediglich auf den Prozess geachtet.** Bei einem Fokus auf den mechanischen Prozess wird zu viel auf die prozedurale Seite der Agilität geachtet statt auf die Seiten, die wirklich Auswirkungen haben. Agiles Arbeiten erfordert viel mehr als einen Satz von Meetings und Arbeitstreffen. Es verlangt nach einer anderen Herangehensweise an die Probleme des Unternehmens. Eine agile Transformation erfordert eine Veränderung der Kultur, der Anschauungen und vor-

herrschenden Werte und Normen. Deshalb muss dafür gesorgt sein, dass eine agile Transformation weit über die reine Prozessseite hinausgeht.

7 **Fehlender Fokus auf Zwischenergebnisse.** Eine agile Transformation erfordert Flexibilität. Deshalb ist es wichtig, dass alles, was verändert wird, auch wirklich »fertig« (*done*) ist. Bei der Planung und Umsetzung der Veränderungen ist es deshalb notwendig, wenn es um die Realisierung großer Ideen geht, den Fokus kontinuierlich auf kleine spürbare Schritte zu setzen. Denn das ist faktisch die Grundlage jeder Form von Agilität: Dinge klein machen, wirklich fertigstellen und während des Handelns lernen (»learning by doing«). Agile Transformationen bilden dabei keine Ausnahme. Und doch treffen wir in der Praxis regelmäßig auf Detailpläne für agile Transformationen, inklusive Meilensteinen und einem festen Enddatum. Die wichtigste Voraussetzung für eine agile Transformation ist jedoch eine agile Umsetzung: schrittweise vorgehen, die wertvollsten Veränderungen zuerst durchführen und auf Basis der Lernerfahrungen den Kurs anpassen.

Angst vor Fehlern ist vielleicht die größte schleichende Gefahr bei jeder agilen Transformation.

8.2 PROBLEME AUS DER PRAXIS AGILER TRANSFORMATIONEN

Eine große traditionelle Organisation (die anonym bleiben möchte) hatte in der Vergangenheit ein Dutzend agiler Projekte durchgeführt, vor allem in der IT und meistens mit Scrum. Die Ergebnisse waren gut. Natürlich sind auch Dinge schiefgegangen und Etliches wurde daraus gelernt, doch im Großen und Ganzen war man sehr zufrieden mit den frühzeitigen Ergebnissen, den äußerst engagierten Teammitgliedern und einem sehr zufriedenen (internen) Kunden. Deshalb wurde entschieden, die gesamte IT-Sparte agil aufzustellen. Das verlief nicht völlig widerstandslos und drei Jahre später war man noch lange nicht so weit, wie man anfangs gehofft hatte. Die größten Probleme waren die folgenden:

- **Traditionelles Programm.** Die agile Transformation wurde wie alle großen Veränderungsprogramme in diesem Unternehmen durchgeführt: durch eine Programmmanagerin mit Budget, die unabhängig von der normalen Linienorganisation tätig war und ihren selbst erstellten Plan hauptsächlich mit Beratern und Schulungen verfolgte. Diese Programmmanagerin wusste sehr genau, wie man dieses Spiel spielt. Die Operation konnte also nur erfolgreich sein, und am Ende des Transformationsprogramms waren alle Kästchen abgehakt. Dann wurde das Ganze an die Linienorganisation »übergeben« und die Programmmanagerin übernahm ihr nächstes Programm. Faktisch begann die Transformation erst danach. Eine agile Arbeitsweise zu verankern und einzuführen erfolgt über die tatsächliche Arbeitsweise und die Kultur in den Teams. Das ist kein Zuckerschlecken und nimmt viel Zeit in Anspruch.
- **Viele externe Zulieferer.** Die Organisation hatte eine große Menge manueller Arbeiten an externe Zulieferer vergeben, von denen ein Großteil aus asiatischen Niedriglohnländern stammte. Kurzum: Agilität wurde eigentlich bei den koordinierenden internen Funktionen eingeführt. Das hatte nur begrenzte Auswirkungen. Die Einführung agiler Arbeitsweisen bei den Zulieferern brachte ganz andere Probleme mit sich. Zum Beispiel gaben sich in Teams, die aus Mitgliedern von drei Zulieferern an sechs geografischen Orten in zwei verschiedenen Zeitzonen bestanden, alle gegenseitig die Schuld an den Problemen und es wurden keinerlei Ergebnisse erzielt. Teams verschiedener Zulieferer an einem Ort hingegen erzielten sehr wohl Fortschritte. Doch es dauerte sehr lange, ehe eine agile Arbeitsweise etabliert war, und es hing zudem auch noch sehr stark von den individuellen Teammitgliedern ab. Fluktuation, hierarchische Führung durch das Management der Zulieferer und strenge Verträge mit knallharten SLAs und Strafklauseln erschwerten die Lage zusätzlich. Zu guter Letzt begriff diese Organisation, dass sie mit der Auslagerung entscheidender Aufgaben und einer ausschließlichen Steuerung auf Basis von Kosten statt Rendite über das Ziel hinausgeschossen war.

- **Selbst nichts mehr tun.** Die interne Struktur der Organisation war vorwiegend auf koordinierende Aufgaben ausgerichtet und das Management vor allem auf Prozesssteuerung und Ressourcenmanagement. Die gesamte IT-Sparte war wie ein großes Servicecenter für die Steuerung von Zulieferern organisiert. Technisches Wissen fehlte völlig und die Steuerung von Menschen und Lieferanten war zu einer vertragsgestalterischen und administrativen Arbeitsaufgabe geworden. Mit der Einführung von Agilität wurde daraus eine Steuerung auf Basis von Zwischenresultaten und Werten, wobei das derzeitige Personal und das Management keine Ahnung hatten, was das bedeutete. Das Profil der Manager passte überhaupt nicht zur neuen Arbeitsweise. Reorganisationen sowie Ab- und Zuwanderung waren die Folge. Als eine der wichtigsten Maßnahmen erwies sich, dass sich das Management von der Funktion zur Aufgabe wandelte. Es entstanden Management*aufgaben* anstelle von Management*funktionen*. Und diese Aufgaben lagen bei erfahrenen Fachleuten, die die Arbeit auch selbst erledigten. Das war eine enorme Veränderung, die anfangs überhaupt nicht vorgesehen war.
- **Die Durchlaufzeit blieb lang.** Ein Liefern in kurzen Zyklen war durch eine strikte Trennung von Change und Run nicht möglich. Die Change-Aktivitäten wurden zwar agil umgesetzt, doch das normale vierteljährliche Release blieb erhalten. Auf den ersten Blick wirkte die Arbeitsweise nun total verändert, doch wenn man einen Schritt zurücktrat und das Ganze aus Kundensicht betrachtete, waren die Änderungen gering. Zudem gab es eine große Anzahl manueller Aktivitäten (vor allem rund um Integration und Test), die häufigere Releases unmöglich machten. Zwei Maßnahmen führten mit der Zeit zu einem Durchbruch: einerseits eine große Investition in die Automatisierung von Tests und Releases (*Continuous Delivery*) und andererseits das Einreißen der Mauern zwischen Change und Run durch die Einführung von End-to-End-Teams. Das gestaltete sich allerdings ziemlich schwierig und war ein langwieriger Prozess.
- **Nur ein Ding der IT.** Der Fokus lag nur auf der IT, obwohl wirkliche Flexibilität gegenüber Kunden nicht nur auf diesem Wege, sondern auch zum Beispiel durch neue Dienstleistungen, individuelle Anpassungen und persönlichen Kontakt zu erreichen war. Selbst nach etlichen Jahren und einer großen Anzahl wirklicher Verbesserungen durch agiles Arbeiten hatte sich für die Kunden noch immer nicht viel verändert. Deshalb wurde dazu übergegangen, die gesamte Organisation agil aufzustellen – und diese Veränderung ist noch immer nicht abgeschlossen. Beschleunigung, Kundenorientierung und Flexibilität hören nie auf. Immer wenn man denkt, man hat es geschafft, taucht eine neue Herausforderung auf und die Messlatte wird wieder höher gelegt. Agile Transformationen enden eigentlich nie. Kontinuierliche Veränderung ist die neue Normalität.

9

AGILE KULTUR

AGILES ARBEITEN STÜTZT SICH STARK AUF EINE AGILE KULTUR UND DIE IST IN DEN MEISTEN ORGANISATIONEN ANFANGS NOCH NICHT VORHANDEN. EINE AGILE KULTUR BASIERT AUF SINNGEBUNG, VERTRAUEN, TRANSPARENZ, EXPERIMENTIEREN, SELBST-ORGANISATION, OWNERSHIP UND KONTINUIERLICHER VERBESSERUNG.

Agil »sein« und agil »tun« sind nicht dasselbe

Agil »sein« erfordert viel mehr als das Anpassen von Arbeitsprozessen und das Benennen von Rollen. Es erfordert eine tiefgreifende Veränderung, bei der Werte, Normen und Prinzipien zur Diskussion gestellt werden. Kurzum: Agil sein gelingt nur, wenn es auch eine agile Kultur gibt. Das Formen einer agilen Kultur wird oft unterschätzt und ihre Bedeutung wird erst spät deutlich.

Das größte Hindernis? Die heutige Kultur!

Bei der Transformation hin zu einer agilen Arbeitsweise scheint die (nicht agile) Kultur eines der größten Hindernisse zu sein. Das wird durch die jährlichen Studien von VersionOne zur weltweiten Einführung von Agilität untermauert (siehe z.B. *The 11th Annual State of Agile Report*, 2017). Aus dieser Studie geht hervor, dass der wichtigste Grund für das Scheitern von agilen Projekten darin besteht, dass die heutige Kultur mit den agilen Werten in Konflikt gerät (63 Prozent). Mit anderen Worten: Die vorherrschende Kultur scheint ein gewaltiges Hindernis bei der organisationsweiten Einführung von Agilität zu sein.

Kulturwandel braucht Zeit

Die Transformation hin zu einer agilen Kultur ist kein Zuckerschlecken. Sie ist eine einschneidende Veränderung, die schnell viel größer wird als erwartet und die nicht ohne Risiken ist (siehe Kapitel 8). Die meisten Organisationen konzentrieren sich bei der Einführung von Agilität vor allem auf Methoden und Techniken, also auf Prozesse und Werkzeuge. Man ist auf der Suche nach dem besten Rezept oder dem neuesten Kochbuch und kopiert manchmal unbesehen die Techniken anderer Organisationen. Eine Prozessveränderung ohne den damit einhergehenden kulturellen Wandel bleibt, was es ist: nur ein neuer Trick. Eine Veränderung der zugrunde liegenden Werte und Prinzipien ist ungleich stärker und führt zudem zu einer wirksamen Verankerung. Leider wird dieser kulturelle Wandel in vielen Organisationen vergessen und man versteht erst zu einem viel späteren Zeitpunkt, warum es nicht gelingt, wirklich agil zu sein.

Das Anpassen einer Kultur ist wahrlich mühsam, birgt aber auch enorme Chancen. Diese liegen im Verhalten der Menschen. Schließlich sind es deren tagtägliche Entscheidungen und Aktivitäten, die eine Wirkung hervorrufen. Der Versuch, diese via *Command & Control* steuern zu wollen, ist ohnehin nicht effektiv.

Die erste Zeile des Agilen Manifests besagt nicht umsonst, dass Individuen und Interaktionen wichtiger sind als Prozesse und Werkzeuge.

Kulturveränderungen sind nachhaltig
Kultur hat einen sehr großen Einfluss auf das Verhalten von Menschen. Schließlich bestimmt eine Kultur, ob etwas als erwünscht oder unerwünscht erlebt wird und welche Handlungen offensichtlich sind und welche nicht. Auf diese Weise kann die Kultur als »Sicherheitsnetz« unter eine agile Transformation gespannt werden. Denn wenn der Kulturwandel vollzogen wird, wird damit eine nachhaltige Veränderung im Denken und Handeln erreicht. Eine solche kombinierte Veränderung von Normen, persönlicher Einstellung, Fähigkeiten und Verhalten kann den Menschen jedoch nicht aufgezwungen oder »einprogrammiert« werden. Hierzu sind Diskussionen, Interaktionen und Storytelling notwendig (siehe Abschnitt 9.1).

Bei Kultur geht es um Werte und Prinzipien
Beim Wandel hin zu einer agilen Kultur sollte der Fokus viel mehr auf Werten und Prinzipien statt auf Methoden und Werkzeugen liegen. Das Agile Manifest (siehe Abschnitt 1.3) ist ein wichtiges Hilfsmittel beim Schaffen einer agilen Kultur, denn es stellt eine konkrete Ausarbeitung eines neuen Wertesystems dar. Darin besteht die Veränderung, die sich in der täglichen Arbeit widerspiegelt. Stellen Sie sicher, dass diese Werte und Prinzipien überall in der gesamten Organisation diskutiert, verbreitet und gefördert werden. Die erste Zeile des Agilen Manifests besagt nicht umsonst, dass Individuen und Interaktionen wichtiger sind als Prozesse und Werkzeuge.

9.1 SIEBEN MASSNAHMEN FÜR EINE AGILE KULTUR

1 **Fokus auf das Warum.** Machen Sie deutlich, warum der Wandel hin zu einer agilen Kultur eingeleitet wurde, und betonen Sie, warum diese Veränderung für die Organisation wichtig ist. Messen Sie regelmäßig, inwiefern Fortschritte erzielt werden. Jede Veränderung ruft Widerstände hervor, auch der Wandel hin zu einer agilen Kultur. Nur mit einer klaren, inspirierenden und von allen getragenen Vision kann dieser Widerstand in ein anderes Verhalten umgewandelt werden.

2 **Den Kontext verändern.** Eine Veränderung von Haltung und Verhalten von Menschen geschieht indirekt, indem man den Kontext, in dem sie sich befinden, und die Steuerung innerhalb dessen anpasst. Beispiele für Kontexte sind die Organisationsstruktur, Arbeitsprozesse, Entscheidungsfindung und Führung. Wird in temporären Projekten oder eher in langfristigen Produkten gedacht? Werden Verträge, Prozesse und Verfahren ausgearbeitet, um die Kontrolle zu gewährleisten, oder werden Rahmenbedingungen geschaffen, die Vertrauen und Eigenverantwortung fördern? Dies prägt letztlich die Kultur.

3 **Selbstorganisierte Teams in den Mittelpunkt stellen.** Formen Sie interdisziplinäre, selbstorganisierte Teams, die über alle notwendigen Kompetenzen verfügen, um eine Idee innerhalb einer kurzen Zeitspanne (1 Sprint) vollständig in ein Ergebnis zu überführen. Sorgen Sie für eine stabile Zusammensetzung dieser Teams. So können diese immer besser werden, die Mitglieder spielen sich aufeinander ein und werden produktiver. Lassen Sie das Team ein eigenes Manifest mit den Normen und Werten, denen es folgen will, verfassen. Prüfen Sie, ob diese mit den Werten übereinstimmen, für die die Organisation steht. So entsteht eine Kultur auf Teamebene, die zur neuen Unternehmenskultur passt.

4 **Kultur explizit machen.** Nutzen Sie Werte, Prinzipien, Symbole und Rituale, um die Kultur explizit zu machen. Bestimmte Objekte, Sprachgebrauch oder soziale Gewohnheiten machen eine Organisation einzigartig. Auch durch Storytelling (Erzählen von Geschichten) beginnt eine Kultur wirklich zu leben. Verbinden Sie die Werte und Prinzipien einer Organisation mit Geschichten aus dem täglichen Leben. Geschichten sind das Mittel schlechthin, um ein vages Konzept wie Kultur explizit zu machen. Bringen Sie all das zu Papier, zum Beispiel in einem Kulturbuch. Das Agile Manifest bildet mit seinen vier Werten und den zwölf Prinzipien die Grundlage für eine agile Kultur (siehe Abschnitt 1.3). Diesem Manifest als

Organisation wirklich zu folgen, sorgt dafür, dass Sie agil »sind« und nicht nur agil »tun«.

5 **Selbst die Kultur vorleben.** Die Menschen in einer Organisation schaffen die Kultur gemeinsam. Seien Sie daher selbst das Vorbild der gewünschten Kultur. Authentizität ist dabei entscheidend. Nur durch eine tief verwurzelte, aufrichtige Verbindung mit den kulturellen Überzeugungen werden die Menschen aktiviert.

6 **In einem festen Rhythmus arbeiten.** Innerhalb einer agilen Organisation arbeitet jeder im selben Rhythmus kurzer Iterationen, von denen wiederum jede ein »fertiges« (*done*) Produkt an den Kunden liefert. Das bedeutet, in jeder Iteration aufs Neue den Kunden und/oder Endbenutzern Mehrwert zu bieten. Indem iterativ Ergebnisse geliefert werden, wird kontinuierlich der Ergebnisfortschritt transparent gemacht. Und auf Basis realer Ergebnisse können Anpassungen vorgenommen werden. Hierzu ist Feedback das wichtigste Lernmittel. Wenn die Organisation beginnt, dem Rhythmus einer kontinuierlichen Wertschöpfung zu folgen, dann ist ein wichtiger Schritt hin zu einer agilen Kultur getan.

7 **Dienende Führung fördern.** Eine agile Kultur gründet sich auf dienende Führung (siehe auch Kapitel 10). Unterstützen Sie andere dabei, die beste Version ihrer selbst zutage zu fördern. Das gelingt Ihnen, indem Sie uneigennützig führen und Eigenverantwortung fördern. Erteilen Sie selbstorganisierten Teams das Mandat, entschlusskräftig zu handeln. Unterstützen Sie die Teams bei der Lösung von Problemen, die außerhalb ihres Einflussbereichs liegen. Ziehen Sie klare Grenzen, innerhalb derer sich Selbstorganisation entfalten kann, die es braucht, um gemeinsam die vereinbarten Ziele zu erreichen. Eine dienende Führungskraft gibt Vertrauen, fördert Transparenz und Engagement, verfügt über ein hohes Maß an Empathie, kann wirklich zuhören und nimmt so sogar Dinge wahr, die gar nicht ausgesprochen werden. Dienende Führung unterstützt das Zustandekommen und die Kontinuität einer agilen Kultur.

Machen Sie deutlich, warum der Wandel hin zu einer agilen Kultur eingeleitet wurde, und betonen Sie, warum diese Veränderung für die Organisation wichtig ist.

Die Transformation hin ist kein Zuckerschlecken. Veränderung, die schnell erwartet und die

zu einer agilen Kultur
Sie ist eine einschneidende
viel größer wird als
nicht ohne Risiken ist.

9.2 WIE MACHT MAN AGILE KULTUR MESSBAR?

»Agile Kultur« ist ein schwierig zu definierender Begriff.

Einerseits sind sich alle darin einig, dass agiles Arbeiten mehr bedeutet, als nur neuen Prozessen zu folgen, und dass es dazu einer anderen Denk- und Handlungsweise (Mindset) und einer anderen Kultur bedarf.

Andererseits ist es schwierig, das konkret zu fassen. Was ist das – eine agile Kultur? Wie »installiert« man sie in den Köpfen aller Beteiligten und woher weiß man, ob es gelungen ist?

Obwohl Kultur schwer zu fassen ist, lässt sich doch herausfinden, in welchem Umfang ein kultureller Wandel stattgefunden hat.

Obwohl Kultur schwer zu fassen ist, lässt sich doch herausfinden, in welchem Umfang ein kultureller Wandel stattgefunden hat. Zum Beispiel, indem man die Menschen in einer Organisation regelmäßig zu diesem Thema befragt.

Wir haben eine Liste von zehn Thesen zusammengestellt, die man nutzen kann, um zu messen, wie agil die eigene Kultur ist. Die Antwortmöglichkeiten sind:

1. Ich stimme ganz und gar nicht zu
2. Ich stimme nicht zu
3. Neutral
4. Ich stimme zu
5. Ich stimme ganz und gar zu

Nutzen Sie die Antworten auf diese Thesen vor allem, um einen Einblick in die Veränderungen im Laufe der Zeit zu erhalten. Gibt es Wachstum? Entwickeln sich die Antworten in Richtung maximaler Werte? Welche Aspekte werden übersehen und was kann man dagegen tun? Welche Maßnahmen können wir für einen nächsten Schritt ergreifen? Der Messwert für die aktuelle Agilität tut wenig zur Sache, denn die wichtigste Frage ist, ob es ein Wachstum gibt und wie dieses verstärkt werden kann.

Thesen:

1. Unsere Organisation wird auf der Grundlage eines klar formulierten höheren Ziels und einer ambitionierten Mission geführt, mit der wir versuchen, die Welt jeden Tag ein bisschen besser zu machen.
2. Der Dreh- und Angelpunkt in unserer Organisation sind autonome und selbstorganisierte Teams, die befähigt werden, so schnell wie möglich Ergebnisse zu liefern und so wertvoll wie möglich zu sein.
3. Unsere Organisation strebt danach, schnell Wert an unsere Kunden/Nutzer/Stakeholder zu liefern. Wir versuchen, so schnell und so viel wie möglich Nutzen zu stiften.
4. Unsere Organisation konzentriert sich auf schnelles Lernen und Verbesserung. Ohne Angst zu scheitern, werden vielfältige Experimente durchgeführt.
5. Unsere Organisation ist offen und transparent. Fortschritt, Ergebnisse, Intentionen, Ziele, Informationen, Probleme und Ähnliches werden ungehindert, aufgeschlossen und ohne Angst geteilt.
6. Unsere Organisation lebt einen starken und kurzzyklischen Rhythmus von einer bis mehreren Wochen – eine feste Kadenz, die von jedem respektiert und garantiert wird.
7. Unsere Organisation strebt für jeden eine sichere Umgebung an. Das bedeutet für uns gegenseitigen Respekt, Wertschätzung der Stärken des anderen und Kompensation seiner Defizite.
8. Unsere Organisation verfügt über eine Führung, die gestaltend, richtungsweisend und unterstützend auftritt. Der Fokus liegt auf der Zunahme von Wissen und Fähigkeiten durch schnelles Fertigstellen und »Learning by Doing«.
9. Unsere Organisation ist technologie- und datengetrieben. Elementare Aufgaben versuchen wir so weit wie möglich zu automatisieren, und wir steuern auf Basis objektiver Daten.
10. Unsere Organisation betreibt mit Nachdruck die Schaffung und Stärkung einer agilen Kultur. Normen und Werte mit entsprechenden konkreten Beispielen wurden explizit gemacht und werden miteinander geteilt und diskutiert.

10

AGILE FÜHRUNG

FÜR EINE AGILE ARBEITSWEISE IST ES ERFORDERLICH, DASS DIE TEAMS DIE VERANTWORTUNG FÜR DIE VON IHNEN GELIEFERTEN ERGEBNISSE ÜBERNEHMEN. DIES IST KEINE SELBSTVERSTÄNDLICHKEIT, DOCH MAN KANN DIE ÜBERNAHME VON OWNERSHIP (EIGENVERANTWORTUNG) SCHRITT FÜR SCHRITT AUFBAUEN UND BEGLEITEN. IN DIESEM KAPITEL WIRD ERLÄUTERT, WELCHE ROLLE DAS MANAGEMENT DABEI SPIELT UND WIE MAN EINEN ENTWICKLUNGSPFAD FÜR DIE EIGENEN TEAMS ABSTECKEN KANN.

Teamreife kontinuierlich aufbauen

Die meisten Organisationen führen Agilität im gesamten Unternehmen ein, weil sie mit der Geschwindigkeit des Wandels und der Dynamik im Markt besser umgehen wollen. Dann werden multidisziplinäre, selbstorganisierte Teams gebildet, die auf eine agile Weise (meist mit Scrum) arbeiten. Diese stabilen Teams arbeiten in einem festen Rhythmus, treffen selbst operative Entscheidungen und sind darauf fokussiert, ihren Kunden die besten Lösungen zu liefern. Von ihnen wird erwartet, dass sie die Verantwortung für diese Arbeit übernehmen, dafür muss ihnen aber genügend Raum gegeben werden. Das ist entscheidend, um wirklich flexibel zu sein. Nur wenn Teams sich verantwortlich fühlen, werden sie kontinuierlich nach der besten Lösung suchen. Bei Rückschlägen warten sie dann nicht ab oder beklagen sich, sondern kommen erst so richtig in Schwung. Dem Aufbau einer solchen *Can-Do*-Mentalität wird jedoch in der Praxis leider wenig Aufmerksamkeit geschenkt. Das ist schade, denn Teamreife lässt sich sehr gut entwickeln und steuern.

Ein Praxismodell für Ownership

Das Ownership-Modell (siehe Abbildung unten) geht von zwei Dimensionen aus: Freiheit und Reife. Diese sind miteinander verbunden und sollten im Gleichgewicht sein. Wenn Teams so viel Freiheit zugestanden wird, wie zu ihrem Entwicklungsstand passt, werden sie Eigeninitiative ergreifen und Ownership übernehmen. Kümmert sich hingegen der Manager weiterhin um Details, den Fortschritt oder die Qualitätskontrolle, werden sich agile Teams nie

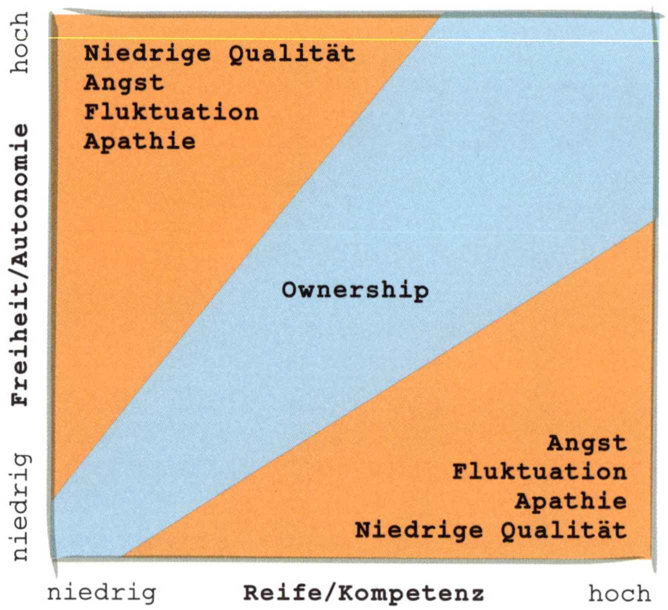

Ownership-Modell

verantwortlich fühlen. Und deshalb werden sie auch nie besondere Reife entwickeln. Wenn andererseits ein neues Team sofort ins kalte Wasser geworfen wird und kaum Führung erfährt, wird es sich nicht sonderlich schnell entwickeln können.

Fehlende Eigenverantwortung äußert sich in der geringen Qualität der Arbeit, der Angst zu scheitern, dem Widerstand, der Fluktuation und der Apathie. Und das ist für einen Manager verwirrend, da die Symptome für zu viel Freiraum für ein unreifes Team und zu wenig Freiraum für ein reifes Team nämlich nahezu identisch sind. Übernimmt das Team nun keine Ownership, weil es zu viel oder eher zu wenig Freiraum hat? Die entscheidende Frage für jeden Manager ist dann: Muss ich nun eingreifen oder eher loslassen? Wann führt Eingreifen zu Demotivation und wann Loslassen zu Chaos? In der Regel ist es besser, Ownership entlang der Achse von Autonomie und Freiheit aufzubauen. Es ist wie im richtigen Leben: Man wächst auf und wird erwachsen, indem man in Freiheit lernt und Erfahrungen sammelt.

Schrittweise die Autonomie vergrößern

Die Praxis zeigt, dass es durchaus möglich ist, Teams in ihrer Ownership schrittweise wachsen zu lassen. Das funktioniert, indem erst Grenzen gesetzt und dann verschoben werden, wenn die Reife (und die Ownership) zunimmt. Diese Grenzen geben das Maß an Freiheit vor, das der Entwicklung des Teams entspricht. Am besten wird etwas mehr Freiheit eingeräumt, als erforderlich ist, sodass die Teams innerhalb dieses zusätzlichen Freiraums wachsen können. Auf diese Weise entsteht ein Wachstumspfad, der deutlich macht, was von den Teams erwartet wird und was sie selbst tun können. Dieser Wachstumspfad wird für jede Organisation oder jede Organisationseinheit maßgerecht zugeschnitten (siehe Abschnitt 10.2), denn die Auslegung von Ownership und die dazugehörigen Grenzen sind in jedem Kontext anders. Sie sind abhängig vom Grad an Freiheit und Reife, innerhalb dessen bestimmte Ergebnisse erzielt werden. Und diese Ergebnisse sind nun einmal überall unterschiedlich.

Ownership ist entscheidend

Zusammenfassend kann man sagen: Agiles Arbeiten wird nur dann wirklich erfolgreich, wenn agile Teams Ownership übernehmen und wirklich selbst verantwortlich sind. Ownership ist kein Automatismus, kann aber sehr gut unterstützt werden. Mithilfe eines Ownership-Modells werden Teams schrittweise dabei begleitet, sich kontinuierlich zu verbessern, zusammenzuarbeiten, schnell zu reagieren und innovativ zu sein.

»Agile Teams planen nicht zu weit voraus und liefern in kurzen Zeitabschnitten gemeinsam schrittweise Ergebnisse. Das geschieht vor allem mit dem Ziel, aus jedem Schritt zu lernen: lernen, was verbessert werden kann, lernen, was Kunden wirklich brauchen, um so gemeinsam zu entdecken, worin der größte Kundennutzen besteht.«

10.1 BEISPIELE: ANWB UND ENECO CONSUMENTEN

Beim ANWB[1] wird bereits seit einigen Jahren mit einem eigenen Ownership-Modell gearbeitet. Die Organisation wollte damit in der Lage sein, aufzuzeigen, wo alle 35 Teams stehen und was ihr Umfeld von ihnen erwarten kann. In diesem Modell erhält ein zufriedenes Team, das zuverlässig liefert, einen ersten Stern. Ein solches Team liefert in 80 Prozent der Fälle, was es zugesagt hat, und sowohl das Team als auch der Product Owner schätzen die Zufriedenheit mit mindestens einer 7 ein. Zusätzliche Sterne können Teams erhalten, wenn sie sich in Bezug auf Qualität, Schnelligkeit oder Wert weiterentwickeln. Dabei ist die Reihenfolge des Wachstums nicht vom Manager vorgeschrieben, sondern die Entscheidung liegt beim Team selbst. Das eine Team verbessert zuerst seine Schnelligkeit und erhält einen weiteren Stern, während ein anderes einen zusätzlichen Stern erhält, weil es sich auf Wertorientierung fokussiert. Beim ANWB stellte sich heraus, dass für ein Team, das lange braucht, um einen ersten Stern zu bekommen, der Manager oft nicht die stabile und vertrauensvolle Umgebung geschaffen hat, die für das Wachstum notwendig ist. Wenn Teams demotiviert werden und sich zu kurz gehalten fühlen, ist das schwer wiedergutzumachen. Deshalb gibt der ANWB den Teams lieber zu viel Freiheit als zu wenig. Möglicherweise arbeiten weniger reife Teams dann zunächst an einer verkehrten Lösung, doch das wird schnell deutlich und ist einfach zu korrigieren.

Jede Organisation ist einzigartig und braucht daher ein eigenes Wachstumsmodell für Ownership.

Auch in der IT-Abteilung von Eneco Consumenten[2] wird schon seit einiger Zeit mit einem eigenen Ownership-Modell gearbeitet. Um während der agilen Transformation Wachstum auf eine inspirierende und schöne Weise zu feiern, sind die Reifegrade an Tiere gekoppelt. Eneco ist nämlich Sponsor des WWF. Das erste Level heißt Delfin. Delfine sind zuverlässige Gruppenwesen und das Team hat auf diesem Level gezeigt, dass es gut zusammenarbeiten kann und zuverlässig ist. Das folgende Level wird durch den Eisbären repräsentiert, was Qualität und Solidität bedeutet. Das dritte Level symbolisiert der Tiger. Der steht für Flexibilität und Schnelligkeit: Tiger-Teams zeichnen sich dadurch aus, dass sie schnell auf Wünsche und Ideen von Nutzern eingehen können und dazu niemandes Zustimmung brauchen.

Anmerkungen des Übersetzers:

1 ANWB ist ein niederländischer Verkehrsclub.

2 Eneco ist ein Energieunternehmen, das Strom und Gas an private und kleine Geschäftskunden liefert.

10.2 IN SIEBEN SCHRITTEN ZU EINEM EIGENEN OWNERSHIP-MODELL

1 **Skizzieren Sie ein vollständig reifes Team.** Was zeichnet ein vollständig reifes Team innerhalb der eigenen Organisation aus? Denken Sie dabei nicht nur an dessen Berechenbarkeit und die Qualität, die das Team liefert, sondern auch an den direkten Kundennutzen und die Zusammenarbeit mit anderen Teams und Abteilungen. Wie sieht dieses »Dream-Team« aus?

2 **Teilen Sie das Wachstum hin zu umfassender Reife in Schritte auf.** Teams reifen nicht über Nacht heran. Welche Schritte hin zu umfassender Reife durchläuft das Team? Und in welcher logischen Reihenfolge (z.B. von Liefersicherheit über Qualität hin zu Wert)? Dabei ist wichtig, nicht die Kompetenzen, sondern die Ergebnisse zu unterteilen: Was bedeutet es, »den Wettbewerb zu gewinnen«?

3 **Legen Sie messbare Ergebnisse je Reifegrad fest.** Welche Ergebnisse werden von Teams erwartet, um ihr Wachstum nachzuweisen? Auch hier geht es nicht darum, was sie tun oder tun können, sondern um das, was sie wirklich erreichen. Teams sollten wissen, was von ihnen erwartet wird. Wie ist der Erfolg eines Teams pro Reifegrad definiert? Je näher diese Ergebnisse an den Zielen der Organisation liegen, desto besser.

4 **Entwickeln Sie Ideen über die konkreten Freiheiten, die Teams brauchen.** Welcher Freiraum ist erforderlich, dass Teams die Chance haben, diese Ergebnisse zu erzielen? Benennen Sie verschiedene Zuständigkeiten, die in einem neuen Team noch beim Manager und in einem Team mit hohem Reifegrad bei den Teammitgliedern liegen (z.B. Teamzusammensetzung, Umgang mit Eskalationen, Beurteilungen, Erstellen von Zeitplänen und die Urlaubsplanung).

5 **Legen Sie fest, wie Teams ihr Wachstum bestätigt bekommen können.** Was muss ein Team vorweisen, um für sich einen bestimmten Reifegrad zu beanspruchen? Die Teams melden sich selbst, wenn sie glauben, eine nächste Reifegradstufe erreicht zu haben. Legen Sie fest, durch wen sie das prüfen und bestätigen lassen können. Am besten funktioniert dazu ein Mix aus Mitgliedern anderer Teams und des Managements.

6 **Rücken Sie wachsende Reife ins rechte Licht.** Wenn ein Team sich in seiner Reife signifikant weiterentwickelt hat, dann ist das ein Grund zum Feiern. Und zwar nicht nur für das betreffende Team, sondern auch als gutes Beispiel für alle anderen Teams. Ansprachen, Kuchen und Champagner funktionieren perfekt.

7 **Behalten Sie das Wachstum ständig im Auge.** Geht die Entwicklung weiter oder stagniert sie? Vereinbaren Sie einen festen Termin mit Teammitgliedern, agilen Coaches und Führungskräften, um über Wachstum zu sprechen, z. B. indem Sie ein monatliches oder zweiwöchentliches Meeting vereinbaren. Dies ist auch der Zeitpunkt, um das eigene Ownership-Modell zu evaluieren und zu verfeinern.

10.3 FÜHREN WIE EIN IMKER

Wenn eine Organisation mit selbstorganisierten, agilen Teams zu arbeiten beginnt, verändert sich auch viel für die Führungskräfte. Direktive Führung wird durch unterstützende und dienende Führung ersetzt. Und das bedeutet: Voraussetzungen zu schaffen, unter denen Teams erfolgreich sein können, Teams zu coachen, dass sie sich selbst verbessern können, und ihnen bei der Lösung ihrer Probleme zu helfen. Man kann die neue Rolle einer Führungskraft mit der eines Imkers vergleichen. Dass ein Imker führt, steht außer Frage, denn ohne ihn würde der Honig nie in die Läden kommen. Auf der anderen Seite ist der Imker bei der eigentlichen Arbeit überflüssig – wilde Bienen kommen ja gut allein zurecht. Im Folgenden sollen acht Parallelen zwischen der Art von Führung eines Imkers und der einer idealen agilen Führungskraft gezogen werden:

- **Gibt die Richtung vor (wählt die Honigsorte).** Es gibt viele verschiedene Honigsorten und der Imker entscheidet, welche Sorte er oder sie verkaufen will. Eine dienende Führungskraft gibt Teams eine Richtung mittels einer Vision und/oder eines höheren Ziels vor. So wissen die Teams, wozu sie etwas tun. Eine klare Definition von Erfolg (*Definition of Success*, DoS) kann dabei unterstützen. Denn wenn Teams nicht genau wissen, was Erfolg bedeutet, können sie schwerlich erfolgreich sein.

- **Schafft eine Umgebung für Erfolg (platziert den Bienenkasten).** Ein Imker platziert den Bienenkasten an einem guten und sicheren Ort und sorgt so dafür, dass ein Bienenvolk erfolgreich sein kann. Die richtige Umgebung für Erfolg zu schaffen, ist auch die Rolle der agilen Führungskraft. Sie sorgt dafür, dass alle Voraussetzungen gegeben sind, dass Teams selbstständig Ergebnisse liefern können. Innerhalb dieser sicheren Umgebung darf jedes Team seine eigene Arbeit organisieren und Verantwortung für das Ergebnis übernehmen.

- **Führt ergebnisorientiert (erntet den Honig).** Ein Imker kümmert sich nicht um den Arbeitsprozess der Bienen – das regeln diese komplett selbst. Was ein Imker allerdings macht, ist regelmäßig zu ernten. Das ist erforderlich, um den Honig verkaufen zu können, aber auch um zu prüfen, ob alles gut läuft. Eine agile Führungskraft macht nichts anderes: prüfen, messbar machen und Ergebnistransparenz herstellen. Und sie lässt die Verantwortung für den Prozess dort, wo sie hingehört: bei den Menschen, die die Arbeit erledigen.

- **Motiviert über Aufgaben (schafft Platz im Bienenkasten).** Das wichtigste Motiv des Imkers für die Ernte ist es, Platz im Bienenkasten zu schaffen. Denn Bienen sammeln so lange Honig, bis der Bienenkasten voll ist. Dann stellen sie die Arbeit ein. Indem er Honig erntet, stimuliert der Imker das Bienenvolk. Eine agile Führungskraft sorgt dafür, dass es immer wieder neue und herausfordernde Aufgaben gibt. In kurzen Zyklen echten Wert zu liefern, innovative Lösungen fertigzustellen und im direkten Kontakt mit Kunden zu spüren, dass die Arbeit Freude bereitet: das motiviert.

- **Gibt einen Rahmen vor (stellt den geeigneten Bienenkasten zur Verfügung).** Jedes Bienenvolk ist anders und verdient daher eine eigene Art der Führung. Ein Imker wählt deshalb einen geeigneten Kasten aus, der zur Größe des Bienenvolks passt – für kleine Völker einen kleinen Kasten, für große Völker einen großen. Agile Führungskräfte führen über Rahmenbedingungen, die dem Reifegrad ihrer Teams entsprechen. Und da jedes Team anders ist, braucht jedes auch eigene Rahmenbedingungen, um erfolgreich sein zu können. Dieser Rahmen ist flexibel und wird schrittweise erweitert, um Teams zu unterstützen, noch mehr Ownership zu übernehmen (siehe auch Abschnitt 10.2).

- **Beseitigt Blockaden (löst Probleme).** Imker beseitigen nur die Probleme, die die Bienen nicht selbst lösen können. Agile Führung heißt, aktiv auf die Suche nach Blockaden zu gehen, die Teams behindern. Und vor allem nach solchen Blockaden zu suchen, die Teams selbst nicht sehen oder für unlösbar halten. Zur gleichen Zeit ist es wünschenswert, dass agile Teams in der Lage sind, alles selbst zu tun. Eine agile Führungskraft arbeitet deshalb aktiv daran, sich selbst überflüssig zu machen, indem sie unter anderem die Teams befähigt, ihre Probleme zu entdecken und selbst zu lösen.

- **Entwickelt Erfolgsteams (teilt Völker).** Sobald ein Bienenvolk zu groß geworden ist, teilt es ein Imker in zwei Völker. Agile Führungskräfte entwickeln ihre Teams. Die erfolgreichsten Teams wachsen am schnellsten und sind schon bald zu groß. Sobald ein Team beginnt, darüber zu klagen, dass es zu langsam wird, ist es an der Zeit, es in zwei (oder manchmal auch drei) unabhängige Teams zu teilen. Idealerweise entscheiden die Teammitglieder selbst, wie sie das machen. Der große Vorteil beim Teilen von erfolgreichen Teams besteht darin, dass Wissen, Kompetenzen und Arbeitsweisen dabei auf Teamebene übertragen werden.

- **Schaut immer auf sich selbst (vertraut dem Bienenvolk).** Ein Imker gibt nie den Bienen die Schuld. Ein Imker vertraut darauf, dass Bienen Honig produzieren und schaut auf sich selbst, wenn das nicht gut gelingt. Dem Imker ist es dann offenbar nicht gelungen, eine Umgebung für Erfolg zu schaffen. Eine agile Führungskraft schaut bei Problemen auch stets auf sich selbst und gibt nie den Teams die Schuld. Sie hat schließlich die Situation geschaffen, in der etwas schiefgegangen ist. Agile Führung erfordert somit unbegrenztes Vertrauen in das Wissen und die Fähigkeiten der Teams und viel Selbstreflexion bei der Führungskraft.

11

AGILE STEUERUNG UND STRUKTUR

UNTERNEHMENSWEITES AGILES ARBEITEN BEDEUTET AUCH, DASS DIE STEUERUNG EINER ORGANISATION VÖLLIG ANDERS AUSSEHEN WIRD. SIE VERLAGERT SICH VON KOSTEN, STUNDEN UND PROJEKTEN AUF ERGEBNISSE, TEAMS UND ITERATIONEN. EINE DERARTIGE STEUERUNG BZW. AGILE GOVERNANCE FEHLT ALLERDINGS VOLLSTÄNDIG IN DEN MEISTEN ORGANISATIONEN. VIELE ORGANISATIONEN FINDEN ES SCHWIERIG, IHRE GOVERNANCE ANZUPASSEN, VOR ALLEM WENN NOCH NICHT AUF ALLEN EBENEN AGIL GEARBEITET WIRD. ES STELLT SICH ALSO DIE FRAGE: WIE RICHTET MAN EIGENTLICH EINE AGILE GOVERNANCE RICHTIG EIN?

Ein flexibler Leistungsumfang (Scope) ist tatsächlich opportun

Bestehende Steuerungsregeln stehen in vielen Fällen mit agilem Arbeiten in Konflikt. Denn schnell, flexibel und agil zu arbeiten erfordert eine völlig andere Steuerung. Traditionelle, plangetriebene Ansätze gehen beispielsweise von einem festen Leistungsumfang aus. Agiles Arbeiten hingegen basiert darauf, dass Zeit, Budget und Qualität fixiert sind und somit gerade der Leistungsumfang flexibel bleibt. Diese Vorgehensweise ist so völlig anders, dass sie schon bald zu einem Steuerungskonflikt um das Einfrieren oder Anpassen des Leistungsumfangs führt.

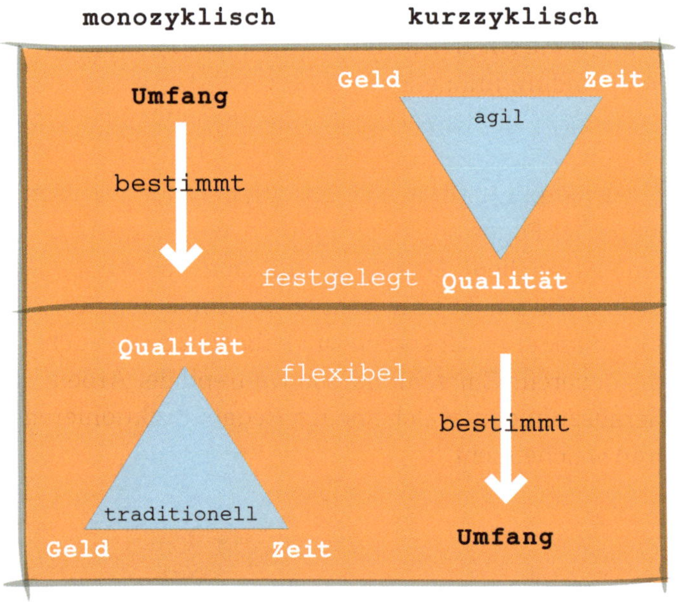

Beim agilen Arbeiten bleiben Zeit, Budget und Qualität unverändert: eine feste Anzahl von Iterationen mit stabilen Teams und einem festgelegten Qualitätsstandard (Definition of Done) bei festen Kosten. Das gelingt nur, wenn der Leistungsumfang flexibel bleibt und dem Ziel untergeordnet ist. Es ist zwar klar, welches Problem gelöst werden soll, doch man kann im Voraus nicht genau sagen, welche Funktionalitäten nun geliefert werden. Das empfinden viele Menschen als sehr unangenehm und fühlt sich für sie wie Kontrollverlust an. Doch durch die kurzen zyklischen Lieferungen schafft es in Wirklichkeit mehr Sicherheit. Denn jedes Zwischenergebnis funktioniert wirklich, und so findet Steuerung über den konkreten Fortschritt in Richtung Ziel statt. Ein zusätzlicher Vorteil besteht in der Möglichkeit, den Leistungsumfang jederzeit anzupassen, wenn das aufgrund neuer Erkenntnisse oder Anforderungen des Marktes angemessen erscheint. Denn er ist ja flexibel, was also eher eine Chance als eine Bedrohung darstellt. Gerade in einer sich schnell verändernden Welt müssen neue Erkenntnisse fortlaufend in den ursprünglichen Leistungsumfang eingearbeitet werden können.

Die bestehende Governance bekämpft Agilität

Die Einführung einer agilen Arbeitsweise erfolgt in der Regel Schritt für Schritt. Es ist unmöglich, eine ganze Organisation genau an einem Datum X oder zu einem Zeitpunkt Y auf agiles Arbeiten umzustellen. Deshalb werden eine agile und eine traditionelle Art der Steue-

Miteinander im Gespräch zu bleiben ist dann auch die generelle Empfehlung, um während der Arbeit herauszufinden, welche neuen Regeln funktionieren und welche nicht.

rung für eine bestimmte Zeitspanne nebeneinander existieren. Und das ist normalerweise nicht vorgesehen. Traditionell bietet Governance keinen Raum für Alternativen. Schon gar nicht, wenn sie mit den bestehenden Regeln (teilweise) im Widerspruch stehen. Dann tritt die traditionelle Governance in Aktion – korrigierend wohlgemerkt. Andere unvorhergesehene Arbeitsweisen werden aktiv bekämpft. Infolgedessen verzögert die bestehende Governance die agile Transformation. Das lässt sich über Zusammenarbeit und Koexistenz auflösen, doch es kostet Energie, denn die bestehende Governance bietet dafür selten Raum. Der wesentlichste Grund, weshalb agile Arbeitsweisen schon schnell mit der bestehenden Governance in Konflikt geraten, liegt darin, dass Agilität kurzzyklische Ergebnisse mit variablem Leistungsumfang erfordert, bei gleichzeitig fester Laufzeit, festen Kosten und festgelegter Qualität. Das steht im Widerspruch zum rigorosen Steuern auf Basis eines stabilen Leistungsumfangs in traditionellen Governance-Modellen.

Gemeinsam die neue Governance entdecken

Die Praxis zeigt, dass es für Agilität nicht nur eine einzige Art von Governance gibt. Der aktuelle Kontext legt fest, an welcher Stelle Anpassungen direkt erforderlich sind und was im Laufe der Zeit noch angepasst werden kann. Sicher ist, dass die bestehende Art der Steuerung überholt ist. Und da agile und traditionelle Steuerung oft über lange Zeiträume hinweg nebeneinander bestehen bleiben, sind Konflikte nicht auszuschließen. Zum Glück kann für die meisten Konflikte eine Lösung gefunden werden, wenn der Fokus auf dem Ergebnis, dem angestrebten Nutzen, liegt. Denn das Streben nach demselben Nutzen ist sehr wohl etwas Gemeinsames. Miteinander im Gespräch zu bleiben ist dann auch die generelle Empfehlung, um während der Arbeit herauszufinden, welche neuen Regeln funktionieren und welche nicht.

11.1 SIEBEN MASSNAHMEN FÜR AGILE GOVERNANCE

1 **Konzentrieren Sie sich auf ergebnis- und wertorientierte Governance.** Agilität verlagert den Fokus von prozessorientierter auf ergebnisorientierte Steuerung. Das erfordert grundlegende Anpassungen in der Governance. Nutzen Sie beispielsweise *Key Value Indicators* anstelle von *Key Performance Indicators* – konzentrieren Sie sich also auf den gelieferten Wert. Wertorientierte Steuerung erfordert einen flexiblen Leistungsumfang. Die Governance muss deshalb Spielraum für wachsende Einsichten und somit, wenn das erforderlich ist, auch kontinuierliche Anpassungen des Leistungsumfangs zulassen. Wenn der erwartete Nutzen unrealistisch zu sein scheint oder zusätzliche Chancen entdeckt werden, dann sollte der Leistungsumfang angepasst werden.

2 **Arbeiten Sie mit stabilen Teams und kurzen Iterationen.** Feste stabile Teams und kurze Iterationen sollten den Kern agiler Governance bilden. Teams liefern kurzzyklisch in einem festen Rhythmus funktionierende Ergebnisse. Die besten Ergebnisse liefern Teams, die über einen längeren Zeitraum zusammenarbeiten. Erst dann werden jedermanns Stärken und Schwächen deutlich und man lernt, damit umzugehen. Agile Governance bedeutet also auch, die Teams stabil zu halten.

3 **Planen Sie die Arbeit, nicht die Menschen.** Planung ist auch für agiles Arbeiten relevant, solange es um die Arbeit geht. Der vorausschauende Blick mittels Roadmaps und Budgets gehört daher auch zu einer agilen Arbeitsweise. Es ist unsinnig zu glauben, dass so etwas bei Agilität nicht »erlaubt« oder »unmöglich« sei. Der Blick in die Zukunft basiert auf einer gemeinsamen Vision und Strategie. Auf der Basis einer Roadmap können Releases geplant, Portfolio-Diskussionen geführt und Investitionsentscheidungen getroffen werden, solange es dabei um den Wert, die Reihenfolge und die Priorität der Aufgaben geht, die durch die stabilen Teams umgesetzt werden. Gesteuert wird über den Strom von Aufgaben, der zu den Teams fließt, statt auf Basis von Menschen, die der Arbeit zugeordnet werden.

4 **Unterscheiden Sie zwischen drei Ebenen von Governance.** Je weiter man in die Zukunft blickt, desto unsicherer ist der Leistungsumfang. Das war bereits bei den traditionellen Ansätzen der Fall, aber durch die Agilität wird dies formalisiert. Deshalb ist eine mehrschichtige Governance mit verschiedenen Stufen von (Un-)Gewissheiten erforderlich (siehe auch Abschnitt 16.2). Diese müssen in der Governance verankert sein und

unterschiedlich behandelt werden. Zum Beispiel kann man eine Unterscheidung treffen zwischen Portfolio-Governance (ein bis fünf Jahre in die Zukunft), Projekt/Programm-Governance (drei Monate bis ein Jahr in die Zukunft) und Team-Governance (null bis drei Monate voraus).

5 **Betrachten Sie die Einrichtung von Governance als Managementaufgabe.** Bei einer agilen Transformation in großem Stil muss Governance für das Management und die Geschäftsführung ein permanentes Thema sein. Die Anpassungen erfolgen schrittweise. Was am besten funktioniert, wird zum größten Teil erst entdeckt werden müssen. Es ist in der Regel nicht möglich, die agile Governance einer anderen Organisation eins zu eins zu kopieren. Der Veränderungsprozess hin zu agil »sein« ist einer der anstrengendsten Bestandteile von Agilität. Diesen Prozess zu leiten und zu begleiten, ist eine Managementaufgabe par excellence.

6 **Gestalten Sie auch Ihre Verträge agil.** Die Governance einer Organisation flexibel und agil aufzustellen, erfordert agile Verträge, und zwar spätestens dann, wenn mit Zulieferern zusammengearbeitet wird. In den Verträgen muss festgeschrieben werden, dass jede Iteration ein funktionierendes, abgeschlossenes Produkt liefert. Dieses Ergebnis kann sich als gut genug erweisen, sodass eine Beendigung an dieser Stelle wünschenswert erscheint und deshalb auch vertraglich möglich sein muss. Anpassungen des Leistungsumfangs sollten »gratis« sein und es müssen deutliche Vereinbarungen über die Stabilität von Teams getroffen werden. Das sind Rahmenbedingungen, um wirklich agil miteinander zusammenarbeiten zu können.

7 **Bilden Sie Governance-Arbeitsgruppen.** Nutzen Sie zeitlich begrenzte Arbeitsgruppen, um die Governance anzupassen. Eine solche Gruppe setzt sich aus Mitgliedern agiler Teams und anderer Positionen zusammen (Projekt- und Programmmanager können hier oft eine sehr wertvolle Rolle spielen), die die verschiedenen Governance-Themen aufgreifen und einer Lösung zuführen. Danach wird die Arbeitsgruppe aufgelöst, bis eine neue Herausforderung auftaucht, die eine weitere Anpassung der Governance erforderlich macht.

11.2 BEISPIELE: RIGOROSE GOVERNANCE-ANPASSUNGEN

Obwohl die Einführung von Agilität ein schrittweiser Prozess ist, stehen am Ende sehr viele Dinge zur Diskussion, an die man vorher nicht gedacht hat. Die Auswirkungen des agilen Arbeitens nehmen immer mehr zu, weil jede Veränderung wie ein Dominostein die folgende anstößt. Mit der Einführung selbstorganisierter Teams verändert sich beispielsweise die gesamte Art und Weise von Mitarbeiterführung, Beurteilungen und Bewerbungen. Und durch die Umstellung der Steuerung nach Budgets und Projekten hin zur Steuerung nach Aufgaben und Wert verändern sich unter anderem vollständig das Berichtswesen, das Portfoliomanagement, die Arbeitskoordination und die Steuerung. Kurzum: Die gesamte Governance und die bestehenden Strukturen sind davon betroffen und werden in vielen Fällen zur Diskussion gestellt. Nachfolgend sind einige anonymisierte Beispiele aus der Praxis aufgeführt:

- **Zeiterfassung einstellen.** Eine Organisation arbeitete ursprünglich mit Projektbudgets und jeder erfasste die Stunden auf Projektnummern. Im Zuge der organisationsweiten agilen Transformation wurde das völlig überflüssig. Projekte verschwanden und es wurde nicht länger mit Budgets gearbeitet. Auf jährlicher Basis wurde untersucht, welche Ergebnisse und Produkte benötigt wurden, wie viele Teams dafür erforderlich waren und für welche Kundengruppe oder Marktdomäne sie arbeiten würden. Anschließend wurde dafür ein Product Owner benannt. Die Ergebnisse wurden Backlog-konform kurzzyklisch erzielt. Die Zeiterfassung wurde abgeschafft, weil die stabilen Teams das ganze Jahr über für dieselbe Domäne arbeiteten. Die Product Owner planten und berichteten auf Basis von Ergebnissen, Wert und abgeschlossener Produkte. Die Steuerung verschob sich somit von Stunden und Budgets hin zu Ergebnissen und Aufgaben.

- **Abschaffen der jährlichen Beurteilungsrunde.** Wenn es darum geht, den Fokus ganz auf Teams zu legen, wird eine individuelle Beurteilung schnell fragwürdig. Inwieweit ist es fair, ein Teammitglied individuell zu beurteilen, wenn es in erster Linie um das Ergebnis des gesamten Teams geht? Und wer ist eigentlich am besten in der Lage, das zu beurteilen? In einer Organisation, die auf agiles Arbeiten umgestellt hatte, wurde der gesamte Zyklus von Beurteilungs- und Mitarbeitergesprächen komplett abgeschafft. Teams werden nun anhand ihrer Ergebnisse beurteilt und ihre Autonomie davon abhängig gemacht. Des Weiteren wurden Teamboni mit einer festen Gehaltsstruktur eingeführt. Beurteilung und Verbesserung werden von den

Die Auswirkungen des agilen Arbeitens nehmen immer mehr zu, weil jede Veränderung wie ein Dominostein die folgende anstößt.

Teams selbst durchgeführt. Und das nicht einmal pro Jahr oder Halbjahr, sondern jede Woche. Die einzelnen Teams beenden jeden Freitag mit dem sogenannten »Kasten«. Dazu stellt sich jedes Teammitglied kurz auf einen umgedrehten Bierkasten und erhält von jedem anderen Teammitglied Anerkennung und Tipps. Das bedeutet, sich sofort zu verbessern, indem das Team besser wird und alle sich gegenseitig beurteilen. Dazu braucht es keine komplizierten Prozesse oder Akten, man muss einfach nur die Menschen, die die Arbeit machen, es selbst regeln lassen.

- **Gehälter von Leistung entkoppeln.** In derselben Organisation entstand dadurch noch eine andere Besonderheit, denn Beurteilen und Belohnen wurden entkoppelt. In vielen Organisationen erhält man bei einer guten Beurteilung durch seinen Vorgesetzten eine Gehaltserhöhung oder wird vielleicht sogar befördert. Der Nachteil davon ist, dass es somit im Interesse des einzelnen Mitarbeiters liegt, Fehler zu verschweigen. Je mehr Fehler man meldet, desto schlechter fällt die Beurteilung aus und umso niedriger ist das Gehalt. Und das, obwohl man gerade aus seinen Fehlern lernt und sie mitteilen sollte, um anderen damit zu helfen. Deshalb wird in dieser speziellen Organisation mit einem festen und transparenten Gehaltsmodell gearbeitet und zusätzlicher Verdienst ist nur über Teamleistungen (Teambonus) oder persönliche Entwicklung in eine besser bezahlte Position möglich. Kein Hickhack mehr wegen des Geldes, sondern es geht darum, sich als Team zu verbessern, indem man gemeinsam lernt und deshalb Fehler miteinander teilt. So wissen alle Betroffenen voneinander, wie viel sie verdienen, und damit hängen alle Gehälter und Teamboni quasi am Schwarzen Brett.

Ein agiles Mindset bedeutet Mut und Vertrauen. Mut, immer wieder einen neuen Schritt zu wagen. Und das Vertrauen, dass man während dieses Schrittes entdecken wird, wie der nächste aussehen sollte.

- **Unbegrenzte Anzahl von Urlaubstagen.** Das Ergebnis von Teams wird zum Maßstab, und nicht der Prozess. Nach einiger Zeit wurde in dieser Organisation dann auch die Anwesenheit zum Gesprächsthema. Warum müssen wir als Team im Büro sitzen? Dürfen wir das nicht selbst regeln? Wenn wir Verantwortung für das Ergebnis tragen und das hinbekommen, warum müssen wir das dann von Montag bis Freitag von morgens neun bis abends sechs tun? So entwickelte sich Steuerung anhand von Ergebnissen und Wert anstatt nach Stunden und Anwesenheit. Diese Organisation ging noch weiter: Die Urlaubstage wurden freigegeben. Jeder durfte so viel Urlaub nehmen, wie er wollte. Die Ergebnisse des Teams wurden jedoch bewertet und die Teammitglieder beurteilten sich gegenseitig. Einige Zeit später stellte sich heraus, dass Menschen zu wenig Urlaub nahmen. Dies wurde korrigiert, indem eine Mindestanzahl von Urlaubstagen vorgeschrieben wurde. Jeder muss pro Quartal mindestens eine Woche Urlaub nehmen, denn Urlaub ist notwendig, um über einen langen Zeitraum stabil Leistung erbringen zu können.
- **Aufteilen in Miniunternehmen**. Wenn Teams zum Kern der Steuerung werden, können sie auch viel mehr Verantwortung erhalten. Eine Organisation ist dabei so weit gegangen, jedes Team als eigenes kleines Unternehmen zu führen. Jedes Miniunternehmen hat eine eigene Gewinn- und Verlustrechnung und ist in seinen Entscheidungen völlig unabhängig. Die Einstellung von Mitarbeitern, die Boni und Gehälter: All das dürfen sie auf ihrem eigenen Niveau festlegen und entscheiden. Es gibt jedoch Regeln, um internen Wettbewerb zu verhindern. Miniunternehmen haben immer einen eigenen Kundenbereich, sodass sie nicht untereinander um die Gunst desselben Kunden konkurrieren müssen. Darüber hinaus sind sie regional eingeteilt. Der Wohnort entscheidet darüber, in welchem Miniunternehmen man arbeitet. Zieht man um, so kann man sich entscheiden, ob man im derzeitigen Team bleibt oder zu einem späteren Zeitpunkt doch noch wechselt. Das Besondere daran ist, dass erfolgreiche Teams dann schneller wachsen. Diese Teams werden zum Beispiel nach Kundenbereichen oder Regionen aufgeteilt, sodass die Teams klein bleiben und dadurch Wissen, Fähigkeiten und Kultur übertragen werden.

12

AGILE STRATEGIE

WENN EINE ORGANISATION VIELE AGILE TEAMS HAT, IST SIE DANN ALS GANZES AUCH AGIL? VIELE ORGANISATIONEN BEGEHEN DEN DENKFEHLER, DASS OPERATIVE AGILE TEAMS AUCH FÜR GANZHEITLICHE UND ORGANISATIONSWEITE AGILITÄT SORGEN. DAS STIMMT JEDOCH NICHT, DENN WIRKLICHE AGILITÄT ERFORDERT, DASS MAN AUCH AUF STRATEGISCHER EBENE AGIL IST.

Wie agil ist man mit vielen agilen Teams?

Niemand ist heute mehr erstaunt über eine große Anzahl selbstorganisierter, agiler Teams. Doch inwieweit machen all die Teams auch eine Organisation als Ganzes agil? Bedeuten viele agile Teams, dass sich die Flexibilität erhöht hat? Und ist die Durchlaufzeit von der Idee bis zum Kunden nun wirklich kürzer? In der Praxis ist das in vielen Organisationen nicht der Fall. Am Anfang einer Einführung von Agilität steht oft das Umformen eines Wasserfalls von Prozessschritten in einen Wasserfall von agilen Teams. Und wenn es danach noch immer Monate dauert, bis aus einer Idee ein funktionierendes Produkt wird – wie agil ist man dann?

Letztlich ist die Bildung von agilen Teams kein Selbstzweck. Motivierte agile Teams zu haben, die verlässlich liefern, ist natürlich großartig, doch was sie liefern, entscheidet darüber, ob sie erfolgreich sind oder nicht. Und bei diesem »Was« geht es um strategische Agilität: flexibel direkt ab der strategischen Ebene. Denn Strategie ist wertvoll in der Umsetzungsphase, nicht in der Ideenphase. Die Schaffung einer kurzzyklischen strategischen Steuerung ist deshalb ein logischer nächster Schritt in einer agilen Transformation. Schnelligkeit im Prozess von der Strategie bis zur Umsetzung – und auch wieder zurück. Indem man strategische Optionen direkt an operative agile Teams durchschleust, kann rechtzeitig geprüft werden, ob diese funktionieren oder nicht. Und so kann auch bereits Monate oder Jahre früher validiert werden, ob es sinnvoll ist, eine beabsichtigte größere Investition zu tätigen.

Strategische Agilität

Strategische Agilität bedeutet, dass zum Beispiel der CEO bei der Festlegung der Investitions-Roadmap in den Teams frühzeitig Experimente durchführen lässt, um zu testen, ob ein strategisches Thema die beabsichtigten Effekte tatsächlich erzielt. Im Idealfall bedeutet diese Agilität, dass die Geschäftsführung kontinuierlich auf Basis empirischer Daten die strategischen Ziele anpasst und anschließend die neuen strategischen Ausrichtungen in kleine Experimente übersetzt, die direkt in den agilen Teams auf ihren Geschäftswert validiert werden können.

In der Praxis erleben wir selten eine solche Herangehensweise. Was man in der Praxis üblicherweise vorfindet, sind die gängigen strategischen Prozesse und traditionellen Portfoliopläne. Es wird ein oder mehrere Jahre in die Zukunft geschaut und die Entscheidung getroffen, wo investiert werden soll und wo nicht. Man berücksichtigt zwar, dass diese Ideen am Ende bei den agilen Teams landen – das schon –, doch die Festlegung der Strategie selbst beschränkt sich auf die Pläne für das kommende Jahr und die Jahre danach, ohne dass diese direkt in den agilen

Teams getestet wurden. Das ist ganz sicher keine agile, sondern eine traditionelle Strategie, die lediglich eine agile Umsetzung berücksichtigt. Die Überprüfung der Strategie auf Umsetzbarkeit und Wert erfolgt schließlich erst Monate bis manchmal Jahre nachdem diese Entscheidungen getroffen wurden. Dass diese strategische Validierung durch die Praxis nicht schon früher stattfindet, liegt einzig daran, dass man es nicht gewohnt ist oder nicht verstanden hat, dass dies möglich ist.

Strategische Überprüfung durch Experimente

Es fehlt der Schritt, eine strategische Idee in ein kurzfristiges Experiment zu überführen, die Idee zu implementieren und an einem einzelnen Kunden zu testen. Auf diese Weise werden strategische Prozesse mit echten Daten von echten Kunden gefüttert. Das liefert einen strategischen Vorteil, da viel früher eine Übereinstimmung zwischen Angebot und Nachfrage nachgewiesen wird. Das macht es einfacher, an einer klaren Ausrichtung festzuhalten, weil sie auf Basis von Daten und konkreten Beweisen statt durch Meinungen und Annahmen bestimmt wird. Zudem steigt die Rendite, da große Fehlinvestitionen vermieden werden. Doch um eine derartige strategische Überprüfung einzuführen, sind konkrete praktische Maßnahmen erforderlich (siehe Abschnitt 12.1).

Entscheidende Rolle für den Product Owner

Bei der Strategie geht es um ein nachhaltiges Angebot, mit dem eine Organisation langfristig im Markt relevant bleibt. Das festzulegen, war schon immer schwierig, doch in einer sich schnell verändernden Welt ist so etwas nur durch Nachdenken und Intelligenz unmöglich zu bewerkstelligen. Auch auf strategischer Ebene ist agil zu sein entscheidend für nachhaltigen Erfolg. Das erfordert eine wechselseitige Strategiebildung und die Überprüfung mit kleinen strategischen Experimenten. Glücklicherweise verfügen die meisten Organisationen heute über eine große Anzahl agiler Teams, die in der Lage sind, mit derartigen Ideen zu experimentieren. Was noch zu tun bleibt, ist, diese Teams explizit in die Strategiefindung einzubinden. Den Product Ownern und der Geschäftsführung kommt dabei eine wichtige Rolle zu. Denn diese direkte Anbindung der operativen Umsetzung in den Teams an die strategischen Entscheidungsprozesse ist kein Automatismus. Mit Blick auf die Zukunft liegen hier für Organisationen gute Chancen, neben den operativen Teams auch ihre Strategie agil zu gestalten. Das ist ein logischer nächster Schritt in einer agilen Transformation. Die agilen Teams stehen nämlich bereit. Jetzt fehlen nur noch die Strategen.

12.1 SIEBEN MASSNAHMEN FÜR STRATEGISCHE AGILE STEUERUNG

1 **Strategische Zielstellungen quantifizieren.** Strategie muss konkret sein und bei den täglichen Entscheidungen und Abwägungen unterstützen. Deshalb muss völlig klar sein, wann etwas »erfolgreich« ist und wann nicht. Machen Sie die Auswirkungen der Strategie messbar. Denn nur wenn der Erfolgsindikator bekannt ist, können agile Teams selbstständig auf die strategischen Ziele hinarbeiten.

2 **Strategievalidierung einrichten.** Pläne auf strategischer Ebene sind hypothetisch. Es sind Erwartungen, dass sich bestimmte Investitionen rentieren und effektiv sind. Erst die Umsetzung wird zeigen, ob eine strategische Entscheidung wirksam ist oder nicht. Sorgen Sie deshalb für eine frühzeitige Validierung. Starten Sie für Hypothesen zu strategischen Ideen eine Ausschreibung und überprüfen Sie diese durch Pilotierung frühzeitig in der Praxis. Auf diese Weise wird die Reaktion des Marktes zum Steuerungsinstrument. Investieren Sie erst dann mehr, wenn die Hypothesen zu strategischen Entscheidungen erfolgversprechend durch echte Daten untermauert wurden.

3 **Akzeptieren, dass niemand weiß, was strategisch klug ist.** Es gibt keine Kristallkugel für Strategie. Zugeben zu können, dass man etwas nicht weiß, ist deshalb eine wichtige Voraussetzung, um es anschließend entdecken zu wollen – und zwar durch Handeln. Selbst wenn im Vorfeld alle davon überzeugt sind, dass eine strategische Entscheidung richtig ist, kann sie sich doch als falsch erweisen. Bei Zweifeln an Entscheidungen sollten Sie vor allem auf harte Fakten schauen: auf Messwerte, die eine Hypothese unterstützen und stärken. Führen Sie lieber ein zusätzliches Experiment durch, um mehr Daten zu erheben, sodass klarer wird, ob eine strategische Idee richtig ist, als in großem Stile in etwas zu investieren, das am Ende offensichtlich nicht funktioniert.

4 **Product Owner auf strategischer Ebene einbeziehen.** Für eine agile strategische Steuerung ist es erforderlich, dass die strategische und die operative Ebene direkt miteinander verbunden sind und dadurch so wenig wie möglich Verzögerung zwischen Strategie und Umsetzung entsteht. Die Product Owner spielen dabei eine entscheidende Rolle, denn sie haben direkten Zugang zu den Teams und können strategische Experimente an den Anfang des Product Backlog setzen. So können strategische Optionen sehr schnell getestet

werden. Beziehen Sie deshalb die Product Owner bei allen Schritten der Strategiebildung mit ein.

5 **Kurze Zyklen für die strategische Steuerung einrichten.** In einer agilen Organisation sind Strategie und Umsetzung direkt miteinander verbunden. So gesehen muss die strategische Steuerung ebenfalls in einen festen Rhythmus von Zyklen eingebettet werden, die möglichst sogar kürzer sind als die Zyklen der Teams (Sprints). Dadurch sind die Iterationen über die strategischen Optionen kürzer und es gelangen bessere und konkretere Vorstellungen an den Anfang des Backlog. Der Vorteil dieser Vorgehensweise besteht darin, dass strategische Entscheidungen nun mit hoher Frequenz getroffen werden und man den Umfang, in dem sie umgesetzt werden, automatisiert überwachen kann.

6 **Bestehende Governance komplett umgestalten.** Strategische agile Führung kann es nur dann geben, wenn die traditionellen Rahmenbedingungen auf eine agile Art und Weise des Führens geändert werden. Hierzu wird eine bidirektionale und kurzzyklische Kopplung zwischen der strategischen Ebene und der Ebene der operativen Umsetzung etabliert. Sobald eine solche Feedbackschleife existiert, werden viele Bestandteile der existierenden Governance schnell überflüssig. Verwenden Sie in diesem Zuge bewusst eine andere Sprache. Eine neue Terminologie sorgt dafür, dass die Menschen sofort anders denken, sprechen und handeln.

7 **Strategische Agilität nicht unterschätzen.** Strategische Agilität hat Auswirkungen auf alle Ebenen und Rollen und wirft bestehende Prozesse und Rahmenbedingungen komplett über den Haufen. Davon betroffen sind zum Beispiel der jährliche Planungs- und Kontrollzyklus, die programmatische Steuerung auf Basis von Kosten und Zeiterfassung oder der jährliche Budgetierungsprozess. Der primäre Prozess ist nicht länger langzyklisch, sondern besteht nun aus Iterationen unter Zuhilfenahme einer vollständig geschlossenen Feedbackschleife in Richtung strategischer Zielstellungen. Das ist kein Zuckerschlecken. Unterschätzen Sie die Auswirkungen einer Einführung strategischer Agilität deshalb auf keinen Fall!

Strategische Agilität hat Auswirkungen auf alle Ebenen und Rollen und wirft bestehende Prozesse und Rahmenbedingungen komplett über den Haufen.

13

FALLSTRICKE FÜR PRODUCT OWNER

EINE WESENTLICHE GRUNDLAGE FÜR AGILES ARBEITEN IST ES, ENTSCHEIDUNGEN ZU TREFFEN. WAS SETZEN WIR ZUERST UM UND WAS SPÄTER? UND WORIN SEHEN WIR KEINEN WERT UND SETZEN ES DESHALB GAR NICHT UM? DABEI SPIELT DER PRODUCT OWNER EINE ENTSCHEIDENDE ROLLE. DAS IST DIE PERSON, DIE ORDNUNG IN DIE BACKLOGS AGILER TEAMS BRINGT UND FOLGLICH FESTLEGT, WAS ZUERST UMGESETZT WIRD UND WAS SPÄTER (ODER NIE).

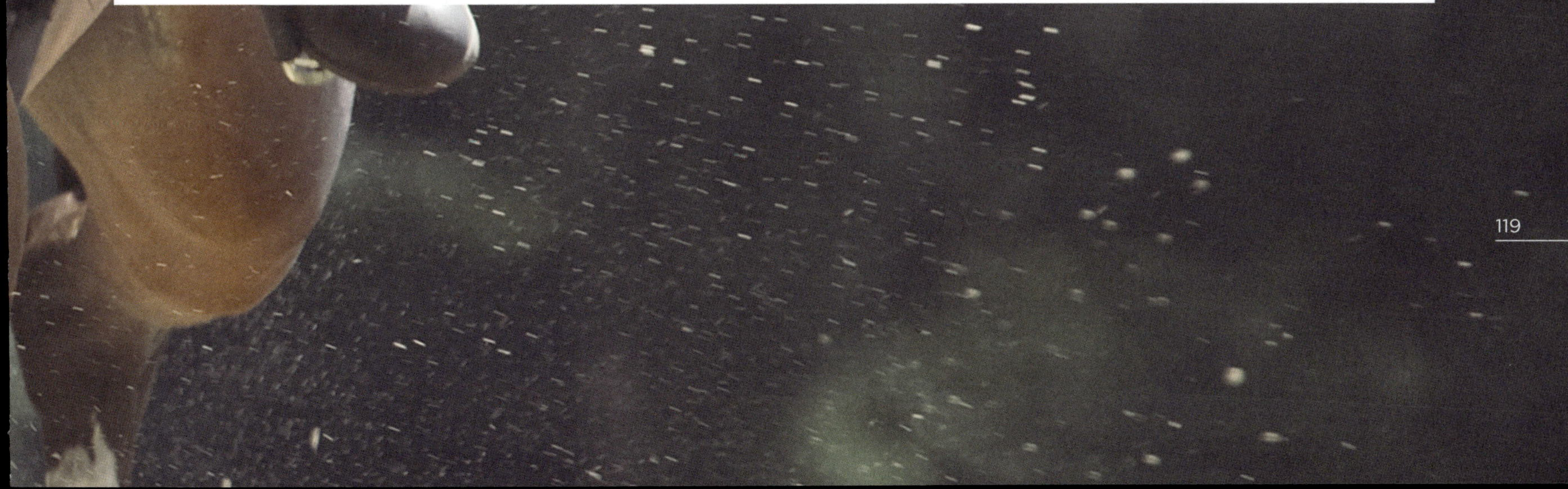

Product Owner können nicht hellsehen

Eine Person alles allein entscheiden zu lassen, stellt auch ein Risiko dar. Denn so ein Product Owner hat keine Kristallkugel und ist in der Regel kein Alleskönner. Wie viel Handlungsspielraum bekommt er oder sie genau? Wie lautet das Mandat? Und – wollen wir diese Entscheidungsbefugnis wirklich einer einzigen Person überlassen? Wie wäre es mit einem Lenkungsausschuss?

Product Owner sind keine Alleskönner

In vielen Organisationen, die mit agilem Arbeiten beginnen, bildet die Rolle des Product Owners schon bald einen Engpass. Häufig wird unterstellt, dass die Ideen und die Vision des Product Owners einfach so »da sind«. Und alle seine Ideen sind auf wundersame Weise automatisch geordnet. Daneben bleibt dem Product Owner noch genügend Spielraum, schwierige Entscheidungen zu treffen, und alle Beteiligten sind sich immer einig und stimmen einträchtig zu. Zudem denken viele Organisationen, dass sie die Menschen mit den Qualitäten eines guten Product Owners längst an Bord haben und diese Mitarbeiter nun sofort sich all ihrer bisherigen Pflichten entledigen, um mit Begeisterung ihre neue Rolle zu übernehmen. Die Praxis sieht natürlich völlig anders aus.

Es ist nicht fair, davon auszugehen, dass der Product Owner ein Alleskönner ist. Stakeholder-Management, inspirierendes Vermitteln einer Vision und Unterstützen bei technischen Entscheidungen – es gibt nur sehr wenige Product Owner, die all diese Dinge beherrschen. Product Owner zu sein ist anstrengend. Punkt. Es ist dann auch nicht verwunderlich, dass viele in die Fallstricke tappen, die diese Rolle mit sich bringt. Denn in der Praxis erweist es sich offenbar als recht schwierig, eine gemeinsame Vision zu schaffen und diese dann in eine Roadmap und in Product-Backlog-Einträge zu überführen. Jeder Product Owner quält sich damit herum. Man kann schließlich nicht in die Zukunft schauen und auch nicht jeden zufriedenstellen. Und doch wird vom Product Owner erwartet, dass er sich perfekte Lösungen für noch unentdeckte Probleme ausdenkt und alle Stakeholder dabei einbezogen sind. Aber wie soll das gehen?

Perfekte Product Ownership ist unmöglich

Wie funktioniert ein guter Product Owner? Was macht er oder sie so? Wie sieht seine oder ihre Agenda aus? In der vorhandenen Literatur über Agilität findet man dazu eigentlich überhaupt nichts. Scrum beschreibt zwar in groben Zügen die Rolle des Product Owners und erklärt, dass dieser für das Product Backlog verantwortlich ist. Doch wie das genau zu bewerkstelligen ist … Tja, das darf jeder

Product Owner selbst herausfinden. Aber wenn die Richtung nicht stimmt, dann kann man noch so gern agil arbeiten wollen, man beschäftigt sich doch immer noch mit dem Falschen. Beim agilen Arbeiten wird das Erstellen einer Vision und eines Product Backlog vollständig dem Product Owner überlassen, aber in der Folge geht man dann davon aus, dass sowohl Vision als auch Backlog perfekt sind. Das ist wohl einer der größten Fallstricke bei Agilität: Perfekte Product Ownership ist unmöglich, dennoch wird das gesamte agile Arbeiten sehr stark am Product Owner aufgehängt.

Hilfsmittel sind vorhanden

Zum Glück gibt es Lösungen. Die Einbeziehung von Stakeholdern und Teammitgliedern bei der Erarbeitung einer Vision und eines Product Backlog ist dabei von zentraler Bedeutung. Es geht darum, dass Teammitglieder und Stakeholder in Workshops gemeinsam eine Vision entwickeln und diese in ein Product Backlog überführen. Durch dieses gemeinsame Entwickeln einer Vision im Verlauf eines interaktiven und fokussierten Workshops fördert man gegenseitiges Verständnis und Zusammenarbeit. So werden Wissen und Erfahrung aller Beteiligten genutzt. Weitere Hilfsmittel findet man in Eric Ries' Buch »Lean Startup«. Ries behandelt darin Werkzeuge wie *Validated Learning*, *Minimal Viable Product* und *Product Vision Board*. Schauen Sie auch einmal in »Business Model Generation« von Alexander Osterwalder oder »Design A Better Business« von Patrick van der Pijl u. a. hinein.

Schnell Feedback einholen ist entscheidend

Das Wichtigste bei einer guten Vision und einem guten Backlog ist es, so schnell wie möglich Feedback von Kunden und Stakeholdern einzuholen. Denn Feedback sorgt dafür, dass die Vision geschärft wird und schneller Form annimmt. Frühes Feedback ermöglicht Kurskorrekturen und Lernen. Doch wo kann man all diese erforderlichen Techniken und Fertigkeiten erlernen? Wo gibt es die Berufsausbildung zum Product Owner? Oder erwarten wir gar, dass er oder sie neben einem Alleskönner auch noch ein Autodidakt ist?

Product Ownership ist eine Grundvoraussetzung

Die Bedeutung von Product Ownership wird in den kommenden Jahren immer weiter zunehmen. Organisationen begreifen mehr und mehr, wie grundlegend die Rolle des Product Owners ist. Sie ist das Steuerrad, um Ergebnisse zu erzielen. Eine intensive Ausbildung, in der Wissen und Fertigkeiten vermittelt werden, um mit Stakeholdern zu einer gemeinsamen Vision zu kommen, ist dabei unerlässlich.

13.1 NEUN FALLSTRICKE FÜR PRODUCT OWNER

1 **Alles selbst machen wollen.** Der effektivste Product Owner erreicht seine/ihre Ziele in Zusammenarbeit mit allen Teams und Stakeholdern. Und das bedeutet: unterstützen statt viel allein zu machen. Der Product Owner ist kein Business Analyst in neuem Gewande, der die Teams mit ausgereiften kleinen Arbeitsaufgaben füttert. Der Product Owner muss Stakeholder und Teams an einen Tisch bringen, Workshops anberaumen und zusammen mit ihnen zu einem Konsens über den weiteren Kurs kommen.

2 **Weder ein gutes Product Backlog noch eine gute Vision haben.** Ein wiederkehrendes Problem ist, dass nur wenige Product Owner über einen soliden Plan und ein gutes Product Backlog verfügen. In der Praxis treffen wir oft auf Product Owner mit einem Backlog, das nicht weiter als ein oder zwei Sprints in die Zukunft reicht. Der Product Owner hat dann keine Kontrolle. Ohne Schätzungen, ohne einen längerfristigen Blick in die Zukunft und ohne Release-Burnup-Chart tappt er eher im Dunkeln. Machen Sie deshalb die Vision und das Product Backlog transparent. Gibt es eine freie Wand im Projektraum? Dann nutzen Sie diese, um alle Zeichnungen, Abbildungen und Diagramme aufzuhängen, und besprechen Sie in diesem Raum wieder und wieder die Vision mit den Teams und den Stakeholdern.

3 **Die Rolle des Product Owners »hinzufügen«.** Product Owner zu sein, ist eine vollwertige Stelle. Machen Sie nicht den Fehler, zu glauben, dass das alles nicht mehr als eine Stunde pro Tag beansprucht. Backlog Refinement und Workshops organisieren sind keine Aufgaben, die man eben mal so noch nebenbei erledigen kann. Der Product Owner leitet im Refinement die Stakeholdern und das Team an und nimmt an Teammeetings teil. Vor allem das Sprint-Review ist für den Product Owner entscheidend.

4 **Den Wert der Ergebnisse nicht messen.** Viele Product Owner versäumen, den Wert der Ergebnisse ihrer Teams zu messen und sichtbar zu machen. Diese Product Owner gehen in diesem Prozess unter und vergessen dabei, die Verantwortung für den Wert zu übernehmen, den ihr Produkt am Ende liefert. Der Fokus liegt dann nur noch auf dem Abarbeiten von Aufgaben im Sinne von: Ihr Wunsch ist uns Befehl! Den Wert der Arbeit zu bestimmen, ist jedoch eine Verantwortung, die zur Rolle des Product Owners dazugehört. Eric Ries sagt in »Lean Startup« über *Validated Learning*: Es ist wichtig, immer so schnell wie möglich zu validieren und zu lernen.

5 **Mandat voraussetzen.** Die Wirksamkeit eines Product Owners steht und fällt mit seinem Freiraum, um Entscheidungen zu treffen. Das Mandat dazu ist keine Selbstverständlichkeit, sondern der Product Owner muss es selbst einfordern, ergreifen und erobern. Viele (angehende) Product Owner unterschätzen das.

6 **Projektleiter spielen.** Ein Product Owner ist kein Projektleiter. Viele Product Owner machen den Fehler, dem Team Aufgaben aufzuzwingen. Statt das Team entscheiden zu lassen, was es schaffen kann, legen sie selbst fest, was nach ihrer Meinung in diesem Sprint alles fertig werden muss. Wie das eben ein Projektleiter macht. Aber das ist nicht richtig. Das Team kann selbst Verantwortung übernehmen, indem es Aufgaben aus dem Product Backlog zieht. Also nicht Push, sondern Pull!

7 **Verbesserungen aufschieben.** Wenn die Teams schneller werden, profitiert der Product Owner bei den nächsten Sprints davon. Sorgen Sie deshalb dafür, dass die Sprints nicht nur aus regulären Aufgaben bestehen. Reservieren Sie Zeit, um die technischen Praktiken des Teams zu verbessern oder Hindernisse und Verzögerungen zu beseitigen. Ein Drängen auf mehr Funktionalität, ohne die dazu erforderlichen Verbesserungen vorzunehmen, macht Teams stets langsamer.

8 **Feedback aufschieben.** Ein bekannter Fehler besteht darin, erst am Ende um Feedback zu bitten, erst Perfektion anzustreben, ehe andere Beteiligte etwas zu Gesicht bekommen. Dadurch kommt das Feedback viel zu spät und es wird dann deutlich teurer, es zu berücksichtigen. Ehe große Investitionen getätigt werden, muss experimentiert werden. Der Product Owner ist zwar das Visier des Teams, doch die Fokussierung und Ausrichtung dieses Visiers gelingt nur mit echtem Feedback von echten Kunden. Sorgen Sie deshalb für Feedback, auch indem Sie für das Sprint-Review echte Kunden einladen.

9 **Zu allem »Ja« sagen.** Ein guter Product Owner sagt nicht zu allem »Ja«. Ein guter Product Owner fordert alle Beteiligten heraus, denn ihre sämtlichen Anforderungen einfach nur ins Product Backlog zu packen, ist nicht Sinn der Sache. Eine wichtige persönliche Qualität ist, »Nein« sagen zu können. Die Herausforderung jedes Product Owners besteht darin, die Menge an Arbeit zu maximieren, die von den Teams nicht umgesetzt wird. »Ja« zu sagen ist einfach, erzeugt aber vielleicht eine falsche Erwartung. Denn wenn auf alles ein »Ja« folgt, wann wird es dann fertig sein? Versuchen Sie, Stakeholder und Teams zu provozieren. Wird diese Anforderung wirklich gebraucht? Warum sind wir uns da so sicher? Gibt es Alternativen? Gibt es eine einfachere Lösung? Das sind für den Product Owner wichtige Fragen.

Je fitter man ist, desto
einfacher ist es, mit
Veränderungen umzugehen.

13.2 WIE FUNKTIONIERT ERFOLGREICHE PRODUCT OWNERSHIP?

Es ist schwer, den perfekten Product Owner zu beschreiben, ganz zu schweigen davon, einer zu sein. Denn die Rolle des Product Owners ist mit einer Reihe interner Konflikte verbunden. Ist es nicht sogar insgeheim eine unmögliche Rolle? Ein Visionär sein und sachbezogen und kundenorientiert und politisch sensibel und Vorbedingungen schaffen und dienend und entschlusskräftig und konfliktbeherrschend und, und, und … Ist es zudem realistisch, grundlegende Entscheidungen in einer Organisation einer einzigen Person zu überlassen? Und zu guter Letzt: Ist es überhaupt möglich, auf Detailebene wertorientiert zu steuern? Ist jede User Story wirklich ein Business Case? Und dreht sich alles nur ums Geld? Oder ist Wert mehr als das? Doch wie messen wir das dann? Eine Menge Fragestellungen, die immer wieder anders sind. Anders, weil das Produkt anders ist, die Kunden andere sind, die Technologie anders ist, jeder Product Owner als Mensch einzigartig ist usw.

Was erfolgreiche Product Ownership ausmacht, hängt natürlich von den Umständen ab. In der Praxis treffen wir auf viele Product Owner, die ihre Rolle fantastisch ausfüllen. Wir tappen also nicht völlig im Dunkeln. Es folgt eine Reihe von Kriterien, wodurch sich erfolgreiche Product Owner von ihren weniger erfolgreichen Kollegen unterscheiden.

1. **Sie sind Mini-Unternehmer.** Erfolgreiche Product Owner sind Unternehmer, Entrepreneure. Ihr Fokus liegt auf hoher Wirksamkeit: Kundennutzen, Rendite, Wachstum, eigene persönliche Entwicklung und persönliche Entwicklung ihrer Mitarbeiter. Ein Product Owner ist nie völlig zufrieden und immer schon mit dem nächsten Schritt beschäftigt. Es ist daher keineswegs eine verrückte Idee, der Person, die diesem Profil entspricht und bereits eine vergleichbare Funktion in der Organisation innehat, die Rolle des Product Owners zu übertragen.

2. **Sie kämpfen um ihren Spielraum.** Das Mandat ist keine Selbstverständlichkeit und je mehr Entscheidungsspielraum es gibt, desto eher kann ein guter Product Owner die Dinge in seinem oder ihrem Sinne gestalten. Erfolgreiche Product Owner fürchten sich deshalb auch nicht davor, Verantwortung zu übernehmen und ihren Einflussbereich zu erweitern. Die Auseinandersetzung um Befugnisse hört nie auf. Die Position der Grenzpfähle steht ständig zur Disposition, auch wenn Befugnisse in Funktionsprofilen und Ähnlichem sauber festgeschrieben sind. Gute Product Owner lieben diese Auseinandersetzung. Sie sind bereit, selbst die Initiative zu ergreifen, und fürchten sich nicht, dabei Risiken einzugehen

Erfolgreiche Product Owner liefern maximalen Wert und sorgen auch selbst für dessen Nachweis. Denn ohne Daten und Beweise gibt es keinen Wert.

und ihre eigene Position in die Waagschale zu werfen.

3. **Sie können auf viele Arten »Nein« sagen.** »Ja« zu sagen ist für einen Product Owner einfach. Vor allem wenn das lediglich bedeutet, dass Wünsche von Stakeholdern zu einem beständig wachsenden Backlog für die kommenden Jahre hinzugefügt werden. »Nein« zu sagen ist viel schwieriger. Denn das kann zu kleinen und großen Konflikten führen. Erfolgreiche Product Owner beherrschen dieses Spiel perfekt. Sie trauen sich, knallhart »Nein« zu sagen, selbst wenn das große Konflikte auslöst. Doch sie sind auch in der Lage, auf völlig andere und viel subtilere Weise »Nein« zu sagen. Das harte »Nein« ist lediglich eine Option. Tatsächlich gibt es viele Schattierungen von »Nein«.

4. **Sie wollen für alles einen Beweis und nehmen nichts einfach so hin.** Ein guter Product Owner ist sich dessen bewusst, dass die Welt voll von Annahmen ist. Vor allem in großen Organisationen wird eine Meinungsäußerung damit gleichgesetzt, dass man die Wahrheit für sich gepachtet hat. Und je höher der Rang oder je lauter die Stimme, desto eher hat man das Mandat oder Recht. Erfolgreiche Product Owner lassen sich davon nicht beeindrucken. Jede Annahme wird unter die Lupe genommen und kontinuierlich wird nach Fakten gesucht und auf ihrer Basis gesteuert. Messwerte sind deshalb für den Product Owner von entscheidender Bedeutung. Verkörpert etwas wirklich Wert? Werden Kunden es wirklich benutzen? Hat es für sie einen Nutzen? Sind sie bereit, dafür mehr zu bezahlen? Warum nicht? Warum doch? Mithilfe solcher Fragen versucht der Product Owner ständig, unbewiesene Forderungen zu validieren. Denn in großem Stil zu investieren, indem man

Teams viele Stunden an etwas arbeiten lässt, will man nur dann, wenn man ganz sicher weiß, dass es sich rentiert. Also: klein säen, um Annahmen zu überprüfen, und dann groß ernten, indem man in das, was erwiesenermaßen erfolgreich ist, in großem Maßstab investiert.

5. **Sie steuern wertorientiert bis ins Extrem.** Erfolgreiche Product Owner liefern Geschäftswert. Sie steuern nach Rendite: maximale Ergebnisse bei minimal möglichen Kosten. Also weniger tun, um damit mehr zu erreichen. Solche Product Owner machen Wert messbar und sichtbar. Sie berichten auf Basis von Wertstatistiken und steuern ihre Teams nach Rendite. Erfolgreiche Product Owner liefern maximalen Wert und sorgen auch selbst für dessen Nachweis. Denn ohne Daten und Beweise gibt es keinen Wert.

6. **Sie haben eine Vertrauensbeziehung zu ihren Teams.** Der Product Owner ist nicht der Chef seiner/ihrer Teams und setzt Teams nicht unter Druck. Erfolgreiche Product Owner bauen eine Vertrauensbeziehung mit ihren Teams auf. Indem sie zusammen am Backlog arbeiten. Indem sie deren Meinungen und Beiträge wertschätzen und zum Backlog hinzufügen. Indem sie intensiv bei der Verfeinerung des Backlogs helfen und indem sie die Teams unterstützen, wenn etwas schiefgeht oder misslingt. Letzen Endes ist der Product Owner auch Teil des Teams. So wie ein Steuermann in einem Boot. Wenn Wasser im Boot steht, bekommt auch der Steuermann nasse Füße. Gute Product Owner sind Teil des Teams und ihre Teammitglieder gehen für sie durchs Feuer.

7. **Sie haben das große Ganze im Fokus.** Ein guter Product Owner ist kein Projektleiter, sondern hat das große Ganze im Blick und somit nicht nur seinen eigenen Bereich. Erfolgreiche Product Owner haben intensiven Kontakt zu anderen Product Ownern. Sie unterstützen einander, denn gemeinsam stehen sie am Ruder der Gesamtorganisation. Gute Product Ownership ist ganzheitlich. Es geht immer um das Ganze und nicht nur um das eigene Backlog und die eigenen Teams.

14

AGILE COACHES

MIT DER EINFÜHRUNG VON AGILITÄT IN ORGANISATIONEN ENTSTEHEN AUCH NEUE ROLLEN. EINE DAVON IST DIE DES AGILEN COACHES. EIN AGILER COACH IST JEMAND, DER DIE ORGANISATION DABEI UNTERSTÜTZT, AGIL UND WERTORIENTIERT ERGEBNISSE ZU LIEFERN. DOCH JEDER INDIVIDUELLE COACH IST ANDERS. DIE FRAGE IST: WIE ERKENNEN SIE DEN AGILEN COACH, DER AM BESTEN PASST?

Wen suche ich eigentlich? Drei Schritte zu einem passenden Coach

Die Funktion des agilen Coaches ist nicht definiert. Der Begriff »Agile Coach« ist nicht geschützt und es fehlt eine allgemein anerkannte Zertifizierung. Jeder kann sich agiler Coach nennen, mit allen negativen Konsequenzen, die das mit sich bringt. Viele Organisationen machen dadurch den Fehler, alle agilen Coaches über einen Kamm zu scheren, wo es doch große individuelle Unterschiede gibt. Der eine Coach kann gut mit Teams arbeiten, ein anderer wieder besser mit Führungskräften. Oder der eine Coach ist gut darin, eine agile Organisation aufzubauen, während die Stärke eines anderen im Verändern von Haltung und Verhalten liegt. Jeder Coach ist anders und verfügt über spezielle Stärken und Schwerpunkte (siehe Abschnitt 14.2). Da zu Beginn wenig Erfahrung mit Agilität besteht, wissen die meisten Organisationen nicht, worauf sie bei der Auswahl eines Coaches achten müssen. Beim Besetzen einer Position geht es dann eher um das Besetzen eines Postens als um den zugrunde liegenden Bedarf. Sich über diesen Bedarf klar zu werden und ein Coaching-Ziel zu formulieren, ist dann der beste erste Schritt.

Wissen und Kompetenzen eines agilen Coaches

Der zweite Schritt ist, ein Coach-Profil zu erstellen. Welches Wissen und welche Kompetenzen werden von dem Coach erwartet? Bei der Suche nach einem agilen Coach liegt der Fokus oft sehr stark auf Teamcoaching. Weil eine Transformation mit der Bildung agiler Teams beginnt, denken viele Organisationen, dass so ein agiler Coach nur dies macht. Der Mehrwert eines agilen Coaches besteht jedoch vor allem im Verändern von Systemen rund um Teams, inklusive der zugrunde liegenden Muster und Wertesysteme. Diese Systeme werden oft durch das bestehende Management und die Geschäftsleitung aufrechterhalten. Eine agile Transformation erfordert deshalb Veränderungen vor allem auf der Führungsebene. Dazu braucht es einen agilen Coach, der an dieser Stelle einen Durchbruch erzielen kann. Gelingt das nicht, so entsteht ein großes Risiko für die Kontinuität der Transformation. Den Mut zu haben, auf allen Ebenen die Konfrontation zu suchen, ist deshalb eine wichtige Eigenschaft eines agilen Coaches. Das fällt nicht jedem gleichermaßen leicht. Insbesondere interne Coaches trauen sich oft nicht, mit ihren Kollegen und/oder Führungskräften in Konfrontation zu gehen. Im Übrigen ist es fast unmöglich, die eine Person zu finden, die alle Facetten eines agilen Coachings in sich vereint. Deshalb kann es helfen, ein Coaching-Team zusammenzustellen. Vor allem in großen Organisationen, die eine umfangreiche Transformation durchführen, ist es üblich, ein Team von agilen Coaches zu bilden, dessen unterschiedliche Mitglieder sich gegenseitig ergänzen.

Welcher Typ Coach passt wann?

Im dritten Schritt ist es wichtig, auch die Persönlichkeitsmerkmale bei der Suche nach dem richtigen Typ Coach zu berücksichtigen. Abhängig von der Phase der Transformation, den damit verbundenen Fragestellungen und der Unternehmenskultur wird ein ganz bestimmter Typ Coach am besten passen (für die Einteilung der Typen siehe Abschnitt 14.2):

- Geht es auch darum, Menschen zu motivieren, an der Veränderung mitzuwirken? Dann wählen Sie am besten den Typ *Künstler*.
- Wurde die Transformation gerade erst gestartet und gibt es Bedarf an Beratung, Training oder schlicht an jemand, der einfach sagt, was zu tun ist? Suchen Sie dann nach dem Typ *Evangelist*.
- Besteht das Bedürfnis, den Status quo zu durchbrechen, und ist oft harte Konfrontation erforderlich, um schnell in Bewegung zu kommen? Dann passt vor allem der Typ *Wikinger*.
- Scheinen tief liegende Muster die Transformation zu behindern und ist wenig Veränderungsbereitschaft bei den Beteiligten zu erkennen? Dann erfordert das jemand mit viel Aufmerksamkeit für Menschen, Beziehungen und Kommunikation. Suchen Sie dann nach dem Typ *Vermittler*.
- Ist die Transformation schon fortgeschritten und man kann vieles selbst regeln, braucht jedoch ab und zu noch einen guten Rat bei einem besonders kniffligen Thema? Dann ist der Typ *Professor* genau der Richtige.
- Muss vor allem geackert werden? Munter ran an die Arbeit, um Sachen fertig zu kriegen und andere zum Mitmachen zu motivieren? Schauen Sie sich dann nach dem Typ *Netzwerker* um.
- Verliert die Transformation an Energie und könnte alles etwas kreativer und innovativer laufen? Dann passt der Typ *Innovator*.

Kurz gesagt, einen passenden agilen Coach zu finden, ist Maßarbeit. In der Praxis sollte mehr Aufmerksamkeit darauf verwandt werden, dass der Coach zum zugrunde liegenden Problem passt. Die wichtigste Empfehlung ist, ein Coaching-Ziel zu formulieren, ein Profil für einen Coach zu erstellen und vor allem dabei die aktuelle Phase der Transformation zu berücksichtigen. Wenn man die Fragestellungen, auf die eine Antwort gefunden werden muss, explizit macht und klare Erwartungen an einen diesbezüglichen Fortschritt durch den Coach formuliert, hat man gute Rahmenbedingungen für einen Coaching-Auftrag. Die verschiedenen, in diesem Kapitel beschriebenen Typen agiler Coaches können dabei helfen, herauszufinden, ob ein konkreter Coach passt. Zudem ist es praktisch und nützlich, sich über diese verschiedenen Typen auszutauschen. Fragen Sie Ihren Kandidaten ruhig: »Welcher Typ Coach sind Sie?«

»Agiler Coach« oder »Scrum Master«?

In der Praxis begegnet man neben der Rolle des agilen Coaches auch noch der Rolle des Scrum Masters (siehe auch Kapitel 5). Ein Scrum Master hat eine dienende Führungsfunktion inne, er ist für einen Teil seiner Arbeitszeit freigestellt, um Teamprobleme zu lösen und die Arbeitsweise zu optimieren, und hat eine bestimmte Zeitspanne für die Unterstützung seines eigenen Teams reserviert. Scrum Master sind oft einfach auch Teammitglieder, die den Großteil ihrer Zeit an den Teamaufgaben arbeiten. Ein Scrum Master unterstützt das eigene Team dabei, immer besser zu werden, und ist deshalb auch eine Art Coach mit Fokus auf das eigene Team. Agile Coaches schauen weiter, unterstützen gleichzeitig mehrere Teams oder sind sogar völlig von der Arbeit mit Teams freigestellt, um die Systematik der gesamten Organisation zu verbessern. Oder sie konzentrieren sich beispielsweise komplett auf das Thema Führung. Agile Coaches und Scrum Master haben ein gemeinsames Interesse: Schritt für Schritt besser werden. Der eine schaut vor allem breit auf die gesamte Organisation (agiler Coach), der andere richtet sich enger auf das eigene Team aus (Scrum Master). Eine gute Zusammenarbeit zwischen agilen Coaches und Scrum Mastern hilft, eine Transformation reibungslos verlaufen zu lassen.

14.1 SIEBEN PRAXISPROBLEME RUND UM AGILE COACHES

1. **Das Profil eines passenden Coaches ist schlecht erkennbar.** Aufgrund einer breiten und undefinierten Vielfalt an Coaches sind sie sich alle sehr ähnlich. Welcher Coach passt dann am besten zum Auftrag? Die Typisierung aus Abschnitt 14.2 kann bei der Auswahl eines passenden Coaches helfen.

2. **Die Qualität von Coaches ist unklar.** Agiler Coach ist kein geschützter Begriff und eine allgemein anerkannte Zertifizierung fehlt. Das hat zur Folge, dass Organisationen nicht genau wissen, worauf sie bei der Auswahl eines Coaches achten müssen. Wenn zusätzlich die Honorare unter Druck geraten, sinkt die Qualität noch weiter.

3. **Das zugrunde liegende Problem ist unbekannt.** In vielen Situationen ist das zu lösende Problem unklar. Der Bedarf lautet dann: »Wir brauchen einen agilen Coach.« Aber wofür? Was soll dieser erreichen? Der erste Schritt ist dann, das Coaching-Ziel zu klären. Lediglich eine offene Stelle zu schaffen, führt nur zu Frustration.

4. **Schlechte Erfahrungen aus der Vergangenheit.** Diese sorgen dafür, dass Organisationen die Ausgaben für einen Coach für verschwendetes Geld halten. Die Reaktion ist dann: »Wir machen es besser selbst.« Doch das ist auch keine Lösung, denn agiles Coaching ist schwierig und erfordert Erfahrung, Anpassungsfähigkeit und sehr gute Coaching-Kompetenzen.

5. **Der Fokus liegt nur auf dem Teamcoaching.** Weil eine Transformation vorwiegend den Fokus auf die Bildung agiler Teams legt, denken viele Organisationen, dass ein agiler Coach sich nur darum kümmert. Der Mehrwert eines agilen Coaches besteht jedoch im Verändern zugrunde liegender Muster und Wertesysteme.

Der Mehrwert eines agilen Coaches besteht jedoch im Verändern zugrunde liegender Muster und Wertesysteme.

6. **Das Senior Management und die Geschäftsführung lassen sich schlecht coachen.** Diese zugrunde liegenden Muster werden oft durch das bestehende Management und die Geschäftsleitung aufrechterhalten. Die Umgestaltung einer Organisation erfordert deshalb auch eine Transformation auf der Führungsebene. Interne agile Coaches schaffen in der Praxis an dieser Stelle oft nicht den erforderlichen Durchbruch, mit allen Risiken, die für den Fortbestand der Transformation selbst damit verbunden sind.

7. **Der eigene Spagat des Coaches.** Zu alledem kommt noch der Spagat zwischen dem Wunsch, den Laden zu verändern (wozu immer Konflikt gehört), und dem eigenen Job und der eigenen Karriere hinzu. Sich selbst überflüssig zu machen, ist ein wichtiger Bestandteil von Coaching, doch für den Einzelnen auch riskant. Der externe Coach fühlt denselben Spagat und hat dabei zusätzlich noch das Bedürfnis nach einem längerfristigen bezahlten Auftrag. Die Verführung ist groß, sich selbst dann eben nicht überflüssig zu machen.

14.2 SIEBEN TYPEN AGILER COACHES[1]

1 **Der Künstler.** Künstler sind charismatisch und leidenschaftlich bezüglich Agilität. Sie verfügen über viel Wissen und Können, das sie gerne »auf die Bühne bringen« wollen. Sie blühen auf, wenn sie ein Podium bekommen und wenn man ihnen zuhört. Sie leben vom Applaus. Künstler erklären, wie es sein muss, und liefern damit Klarheit. Sie skizzieren eine Blaupause und schaffen Follower. Sie sind allerdings blind für andere Optionen, denn ihre Vision ist schließlich die beste. Sie haben deshalb Mühe bei der Zusammenarbeit und beim Teilen von Erfolgen und neigen schnell dazu, andere Coaches als weniger gut anzusehen.

2 **Der Evangelist.** Evangelisten sind motiviert, die Welt ein Stückchen voranzubringen. Sie sind von Agilität begeistert, suchen jedoch nicht den Applaus. Ihr Sendungsbewusstsein entsteht aus dem eigenen Bedürfnis heraus, anderen zu helfen. Ein Evangelist stellt in aller Ruhe den sprichwörtlichen Fuß in die Tür und überschüttet den anderen zu passender (und unpassender!) Gelegenheit mit ungebetenen Ratschlägen. Evangelisten können schnell nerven. Zudem sind sie oft unempfindlich für die Bedürfnisse anderer, stellen keine Fragen, sondern denken und gehen davon aus, dass sie immer alles besser wissen.

3 **Der Wikinger.** Wikinger donnern durch die Organisation wie ein Elefant im Porzellanladen. Leidenschaftlich wie sie sind, dringen sie schnell zum Kern des Problems vor und scheuen sich nicht, die Organisation damit zu konfrontieren. Sie sind dominant und fürchten sich nicht, allen voran in einen Kampf zu ziehen. Der größte Vorteil von Wikingern ist, dass sie die Führung übernehmen, aber es ist anstrengend, mit ihnen zusammenzuarbeiten. Denn sie passen sich nicht an und können auch nicht verstehen, wenn andere ihnen nicht folgen.

4 **Der Vermittler.** Vermittler passen sich mühelos an. Ihre Leidenschaft entsteht aus dem Engagement für die soziale Seite: für Menschen und deren Beziehungen. Der Vermittler wird nicht so schnell den Konflikt suchen und sorgt dafür, dass Menschen, Teams und Organisationen in Harmonie zusammenarbeiten. Vermittler erleben sich selbst als erfolgreich, wenn andere erfolgreich sind und sie dazu beigetragen haben. Allerdings

1. Ausgedacht von Els Verkaik (*www.elsverkaik.nl*).

sind sie manchmal etwas zu offen gegenüber neuen Erkenntnissen und Ideen von anderen. Dadurch können sie sich möglicherweise erst in die eine und kurz danach in eine andere Richtung bewegen. Das kann zum Risiko für die Kontinuität der Transformation werden.

5 **Der Professor.** Professoren besitzen viel Sachverstand in ihrem Fach. Sie agieren am liebsten auf ihrem eigenen Gebiet, haben wirklich alles gelesen und finden es toll, wenn sie konsultiert werden. Sie wollen es wirklich wissen. Sie lieben es, komplexe Probleme zu durchdringen, sind intelligent und stellen scharfsinnige Fragen. Professoren fühlen sich nicht als Teil der Transformation. Sie halten Abstand, beobachten und unternehmen selten selbst etwas. Sie gehen auch nicht auf andere Coaches zu, weil sie nicht erwarten, von ihnen etwas lernen zu können.

6 **Der Netzwerker.** Netzwerker wollen vor allem alles gemeinsam machen: gemeinsam Ideen austauschen und gemeinsam entdecken. Sie sind voller Energie, enthusiastisch und inspirierend. Sie denken und handeln stark aus dem »wir« heraus, sie finden leicht Freunde in der Organisation und können dadurch viel bewegen. Netzwerker identifizieren sich stark mit der Transformation und der Organisation. Sie übernehmen auch selbst Aufgaben, am liebsten immer gemeinsam. Netzwerker können nur schwer mit der Eigenwilligkeit anderer umgehen. Dadurch haben sie Mühe, mit Menschen zusammenzuarbeiten, zu denen sie keine Beziehung aufbauen können.

7 **Der Innovator.** Innovatoren haben ganz sicher für jede Situation eine Lösung oder eine neue Idee parat. Sie sind randvoll mit Ideen und unterbreiten kontinuierlich neue Vorschläge für Workshops, Trainingsformen und Coaching-Spiele. Ihr Fokus liegt vor allem darauf, dass die Transformation für andere attraktiv ist und ihnen Freude bereitet. Innovatoren denken immer out-of-the-box und werden deshalb für alles Mögliche zurate gezogen. Sie tauchen allerdings häufig nicht tief in die Problematik ein, sondern streben schnell eine Lösung an. Sie können über die emotionale Seite der Veränderung hinwegsehen und schnell dazu übergehen, »schöne Sachen zu machen«. Ein Innovator wird immer versuchen, die Konfrontation zu vermeiden.

Die verschiedenen, in diesem Kapitel beschriebenen Typen agiler Coaches können dabei helfen, herauszufinden, ob ein konkreter Coach passt. Zudem ist es praktisch und nützlich, sich über diese verschiedenen Typen auszutauschen. Fragen Sie Ihren Kandidaten ruhig: »Welcher Typ Coach sind Sie?«

15

QUALITÄT DURCH AUTONOMIE

EINE GRUNDLAGE AGILEN ARBEITENS SIND AUTONOME TEAMS, DIE SELBST VERANTWORTUNG ÜBERNEHMEN UND ENTSCHEIDUNGEN TREFFEN. DER KERN VON AGILITÄT IST DAS KURZZYKLISCHE LIEFERN VON WERTVOLLEN ERGEBNISSEN. DAFÜR IST ENTSCHEIDEND, DASS MAN ÜBER AUTONOME TEAMS VERFÜGT, DIE SELBSTSTÄNDIG IDEEN IN FUNKTIONIERENDE ERGEBNISSE UMSETZEN KÖNNEN.

Autonomie und Chaos sind nicht dasselbe

Jeder hat bei dem Wort »Autonomie« eine andere Assoziation. Der eine sieht Autoscooter vor sich mit vielen Staus und Zusammenstößen. Ein anderer denkt an eine Wolke von Staren: ein perfekt disziplinierter Schwarm mit Tausenden von Vögeln. Beide Bilder sind richtig.

Es ist völlig verständlich, dass mit der Einführung agilen Arbeitens Bedenken bezüglich der Qualität auftauchen, die von autonomen Teams geliefert wird. Wenn Teams selbst entscheiden dürfen, werden sie dann vielleicht Abkürzungen nehmen und quick & dirty arbeiten? Was bedeutet das für Standards, Zertifikate und Regulierungsbehörden? Werden wir unseren guten Namen am Markt verlieren? Alle diese Bedenken sind durch das Loslassen begründet, denn das Loslassen geht Hand in Hand mit dem Gefühl des Kontrollverlusts. Aber kann denn ohne Kontrolle überhaupt noch Qualität geliefert werden?

Dieses negative Bild von Autonomie erweist sich als falsch, wenn Teams vollumfänglich verantwortlich arbeiten. Man erstellt also nicht etwas und lässt es dann von jemand anders testen und von noch jemand anders betreiben. Nein, alles wird im selben Team erledigt. Was man erstellt, das testet und betreibt man auch selbst. Maßnahmen, die sicherstellen, dass die Teams völlig autonom arbeiten können und Einblick in ihre eigenen Ergebnisse erhalten, wirken sich daher direkt auf die Qualität der Ergebnisse aus (siehe Abschnitt 15.1).

Autonomie zwischen den Teams ist noch wichtiger

Autonomie ist viel mehr, als nicht für jede Entscheidung die Zustimmung vom Chef einholen zu müssen. Der größte Schritt ist die Unabhängigkeit von anderen Teams. Je stärker Teams miteinander verwoben sind, desto geringer ist ihre tatsächliche Autonomie. Vor allem wenn in großen Organisationen mit Dutzenden, manchmal Hunderten von Teams agil gearbeitet wird, ist dies eine der größten Herausforderungen (siehe Kapitel 16).

Ein wichtiges Prinzip beim Vergrößern von Autonomie scheint die Stärkung der eigenen *Resilienz* zu sein. Vollständig autonome Teams müssen davon ausgehen, dass in anderen Teams Dinge schief-

Wenn das Prinzip »Eat your own dog food« gilt, beginnen Teams von selbst, Champagner zu produzieren.

gehen. Gleichzeitig dürfen derartige Probleme nie die eigenen Ergebnisse gefährden. Resiliente Teams wissen, dass Dinge misslingen können, doch sie sorgen dafür, dass ihre eigene Lieferfähigkeit dadurch nicht beeinträchtigt wird. Wenn zum Beispiel ein Bezahlen über iDeal nicht möglich ist, wird dem Kunden seine oder ihre Bestellung dennoch geliefert, dann aber eben zusammen mit einem vorgedruckten Überweisungsformular. Und wenn die Suche gerade nicht funktioniert, kann der Kunde sich noch immer durch das Menü klicken, um zu finden, was er oder sie sucht. Die Fehler anderer Teams muss man ihnen dann nicht mehr vorwerfen, weil sie eigentlich nur noch in begrenztem Maße stören. Oder wie ein Ingenieur es einmal ausdrückte: »The art of forgiving, because the show must go on!« (Die Kunst zu vergeben, weil die Show weitergehen muss!)

Die Praxis zeigt, dass autonome Teams ihre Qualität extrem erhöhen (siehe Abschnitt 15.2 für konkrete Zahlen). Wenn das Prinzip »Eat your own dog food« gilt, beginnen Teams von selbst, Champagner zu produzieren.

15.1 SIEBEN MASSNAHMEN, UM BEIM AGILEN ARBEITEN DIE QUALITÄT ZU ERHÖHEN

1 **Externe Abhängigkeiten entfernen.** Auf dem Weg von der Idee bis zum Kunden trifft man häufig auf externe Parteien. Wenn sich diese externen Parteien auf dem kritischen Pfad befinden, halten sie schnell die agilen Teams auf. Beseitigen Sie derartige Abhängigkeiten, indem Sie beispielsweise Systeme selbst hosten oder sich nicht auf Zusagen für die Zukunft verlassen, sondern nur von dem ausgehen, was Sie bereits haben.

2 **Intensive Zusammenarbeit mit Business-Teams.** Eine intensive und feste Zusammenarbeit zwischen IT-Teams und Business-Teams erhöht die Ownership, die sie gemeinsam fühlen. Und diese Ownership stimuliert die Qualität.

3 **»Verservicen« mit attraktiven Schnittstellen.** Etablieren Sie eine serviceorientierte Architektur, über die die Teams die Komponenten der jeweils anderen ansprechen können. Ein Team ist selbst für seine Schnittstelle verantwortlich, wobei attraktive und gut funktionierende Schnittstellen dafür sorgen, dass die Teams mehr Vertrauen in die Komponenten der anderen gewinnen.

4 **Resiliente eigene Services.** Ein wichtiger Schritt in Richtung Autonomie besteht in dem Vertrauen, dass man als Team mit den möglichen Fehlern anderer Teams so umgehen kann, dass der eigene Service nach wie vor funktioniert (Resilienz). Das wirkt sich enorm positiv auf die Qualität und Verfügbarkeit des Gesamtsystems aus.

5 **Selbst produktiv setzen und Ownership übernehmen.** Bringen Sie alle Kompetenzen und Prozessschritte in einem agilen Team zusammen: von der Idee bis zum Betrieb. Dazu gehört auch, das eigene Arbeitsergebnis unabhängig von anderen Teams produktiv setzen zu können. Dadurch entsteht zugleich das Bedürfnis, die eigene Komponente zu überwachen.

6 ***Fail fast but safe*** (Schnell, jedoch sicher scheitern) Wenn es die Infrastruktur erlaubt, dass Features nur an einen Teil der Nutzer ausgeliefert werden können oder ein automatisches Rollback möglich ist, wird es für die Teams einfacher, selbst die Qualität zu überwachen. Die Angst vor dem Scheitern im Kleinen ist geringer und so kann großen Qualitätsproblemen vorgebeugt werden.

7 **Alle Qualitätsprüfungen automatisieren.** Wenn Teams über automatisierte Tests (funktional wie nicht funktional) verfügen, dann spart das eine Menge Zeit. Sie werden deshalb immer dazu tendieren, diese Tests zu nutzen.

15.2 BEISPIELE: BOL.COM UND ANWB

Die Einführung weitgehender Autonomie hat beim ANWB und bei bol.com zu einer messbaren Qualitätssteigerung geführt.

- **Abnahme der Anzahl schwerer Zwischenfälle.** Bei bol.com wird zwischen *Emergencies* und *Criticals* unterschieden. Criticals werden direkt angegangen und im Rahmen der Arbeitszeit behoben. Bei Emergencies bleibt das Team so lange, bis das Problem gelöst ist – ganz egal, wie spät es ist. Die Anzahl von Emergencies ist in fünf Jahren proportional um 50 Prozent gesunken und liegt nun bei einem pro Woche. Die Anzahl an Criticals hat sich im gleichen Zeitraum um 75 Prozent verringert auf ungefähr einen pro Tag. Das heißt, dass jedes agile Team umgerechnet einmal im Jahr einen Emergency erlebt und etwa fünf Mal pro Jahr einen Critical.

  Der ANWB arbeitet seit 2013 mit autonomen agilen Teams für die Alarmzentrale und die Straßenwacht. Der ANWB hilft mit diesen Services in mehr als einer Million Fälle im Jahr. Die Einführung von Autonomie hat schrittweise zu einer Halbierung der Anzahl schwerer Systemfehler geführt – von 32 im Jahr 2013 auf 15 im Jahr 2017.

- **Verkürzung der Reparaturzeit.** Zwischenfälle werden zudem durch Autonomie schneller behoben. Bei bol.com hat sich im Zeitraum von 2014 bis 2017 die Reparaturzeit für Criticals um 70 Prozent verringert – von im Mittel 42 Stunden auf 13 Stunden. Das bedeutet, dass inzwischen zwei Drittel aller Zwischenfälle vor Beginn des nächsten Tages gelöst werden. Beim ANWB liegt die Reparaturzeit für Zwischenfälle im Mittel unter anderthalb Stunden und es werden alle Zwischenfälle innerhalb eines Arbeitstages gelöst.

- **Selbstständig Probleme lösen.** Teams beheben aus eigenem Antrieb Zwischenfälle. So ist die Verantwortlichkeit klar und es ist auch transparenter, wo der Fehler liegt. Sowohl beim ANWB als auch bei bol.com wurde die Funktion des Incident Manager abgeschafft. Das Incident Management erfolgt nun zu 100 Prozent in den Teams.

- **Autonom releasen mit direktem Feedback.** Beim ANWB wird ein Release von den agilen Teams selbst durchgeführt. Mit der Alarmzentrale gibt es eine Vereinbarung, dass das zur Sicherheit nicht während der Spitzenzeiten passiert. Derzeit liegt die Anzahl der Releases beim Verkehrsclub bei etwa ein bis vier pro Tag.

Die agilen Teams bei bol.com releasen völlig autonom, wann immer sie wollen. Manche Releases werden während der Arbeitszeit eingespielt, bei anderen hingegen wird entschieden, dies wegen eines möglichen Risikos in den frühen Morgenstunden durchzuführen. Die Gesamtzahl an Releases lag bei bol.com im Jahr 2018 bei 900 pro Monat, was im Mittel 40 Releases pro Tag entspricht. Am Black Friday (dem stressigsten Tag 2017) wurden rund 50 Releases eingespielt, wobei die Teams selbst Nutzen und Risiko gegeneinander abgewogen hatten.

- **Weitgehende Automatisierung von Qualitätsmaßnahmen.** Das System des ANWB-Verkehrsclubs nutzt ein automatisiertes Testset aus mehr als 7000 Unit Tests, 200 funktionalen Regressionstests und einem großen Performance- und Lasttest, der aus 2000 speziellen Szenarien besteht. Alle diese Tests können von jedem Entwickler aktiviert werden, laufen immer vor jedem Release und darüber hinaus mindestens einmal pro Tag. Jedes bol.com-Team verfügt über eine Testumgebung für automatisierte funktionale und nicht funktionale Tests. In Summe gibt es derzeit mehr als 12.000 automatisierte Tests, die zweimal pro Tag durchlaufen werden. Fast 300 davon sind Performance- und Lasttests.

Jedes bol.com-Team verfügt über eine Testumgebung für automatisierte funktionale und nicht funktionale Tests. In Summe gibt es derzeit mehr als 12.000 automatisierte Tests, die zweimal pro Tag durchlaufen werden.

16

AGILITÄT IM GROSSEN STIL

AUCH GROSSE ORGANISATIONEN STELLEN KOMPLETT AUF AGILITÄT UM. SELBST MULTINATIONALE KONZERNE GEHEN INZWISCHEN ZU AGILEN ARBEITSWEISEN ÜBER – MANCHMAL MIT EINEM EINZELNEN PROJEKT ODER MIT EIN PAAR TEAMS, ABER AUCH IMMER HÄUFIGER IM GROSSEN STIL, ÜBER DIE GESAMTE BREITE DER ORGANISATION. MITTELS EINER AGILEN TRANSFORMATION WIRD DANN JEDER AUF AGILE ARBEITSWEISEN EINGESCHWOREN. DIE FRAGE, WIE MAN IM GROSSEN MASSSTAB AGIL ARBEITET, IST DESHALB AUSSERORDENTLICH AKTUELL UND WIRD IMMER HÄUFIGER GESTELLT.

Die Anzahl agiler Teams sagt nichts aus

Das Skalieren von Agilität wird oft falsch verstanden. Agiles Arbeiten im großen Stil ist ein systematischer und strukturierter Versuch, eine große Anzahl agiler Teams wirklich agil zusammenarbeiten zu lassen. Eine große Anzahl agiler Teams sagt deshalb noch nichts darüber aus, ob im großen Stil agil gearbeitet wird. Denn wenn agiles Arbeiten auf Makroebene nicht vernünftig geregelt ist, verbessert sich nichts am großen Ganzen und die Ergebnisse werden noch immer nicht schneller erzielt. Am Ende geht es doch um Schnelligkeit und Flexibilität für den Kunden. Manche Organisationen verkünden zum Beispiel stolz, dass sie mit mehr als 1000 agilen Teams arbeiten. Doch wenn diese Teams nicht gut aufeinander abgestimmt sind, bleibt der Nutzen für den Kunden begrenzt. Und wenn der Nutzen, den der Kunde erlebt, von 200 Teams herrührt, dann sind von den 1000 Teams möglicherweise 800 zu viel.

Teams nicht voneinander abhängig machen

Die erste Frage in großen Organisationen ist, wie man die Teams so aufstellt, dass sie unabhängig voneinander arbeiten können. Da die bestehende Organisation oft stark segregiert ist und aus vielen einzelnen Abteilungen mit jeweils eigenen Prozessen und Systemen besteht, gibt es die Tendenz, die neuen agilen Teams auf die vorhandene Organisationsstruktur abzubilden. Einem einzelnen Team wird dann die Verantwortung für einen Prozess oder eine Applikation übertragen. Ein solches Team kann selbstständig planen und umsetzen, und der Product Owner priorisiert die Arbeit für das Team. Auf diese Weise bedeutet agile Skalierung in großen Organisationen oft das Verteilen von Teams über Abteilungen und Systeme hinweg. Häufig ersetzt man dabei, ohne es zu bemerken, einen Wasserfall von Prozessphasen durch einen Wasserfall von Teams. Und so dauert es noch immer Monate, ehe ein neuer Service oder ein neues Feature beim Kunden ankommt. Wie agil ist man dann tatsächlich?

Es geht um Wert für den Kunden

Der Nutzen bzw. Wert für den Kunden erwächst aus der Kombination aller Ergebnisse der agilen Teams. Achten Sie beim agilen Skalieren deshalb von Anfang an auf die Integration der Arbeit aller Teams. Gestalten Sie die Verkettungen von Teams, die Wert an Endkunden liefern, so kurz wie möglich (siehe Abschnitt 16.1 für weitere Anhaltspunkte). Die Konzepte *End-to-End Value* und *Value Stream* unterstützen Sie dabei. So führte SAFe (siehe Abschnitt 16.2) das Konzept des *Agile Release Train* (ART) ein. Darin ist selbstständiges und schnelles Liefern von Wert an Endkunden durch die gegenseitige Koordination einer Reihe von Teams verankert.

Agilität im großen Stil erfordert eigentlich kein Hochskalieren, sondern eine »Ent-Skalierung«.

Strukturelle Anpassungen sind notwendig
Skalierte Agilität in Organisationen erfordert erhebliche Strukturanpassungen. Diese Anpassungen gehen weiter, als lediglich bestehende Teams auf agile Art arbeiten zu lassen. Oft werden eine tief greifende Reorganisation und die Aufhebung von Abteilungsgrenzen erforderlich. Es empfiehlt sich, dabei bereits in einem frühen Stadium den Betriebsrat einzubeziehen.

Agiles Arbeiten zerlegt eine Organisation in kleine unabhängig voneinander arbeitende Teams (mit einer Größe von maximal neun Personen). Sobald mehrere agile Teams gleichzeitig anfangen zu arbeiten, beginnt man zu skalieren. Dann setzt, vor allem in großen Organisationen mit vielen Abhängigkeiten, die Dynamik der Skalierung ein. Dadurch wird es erforderlich, Planung und Ergebnisse wieder zusammenzubringen (siehe auch Abschnitt 16.3).

»Ent-Skalierung« als Lösungsansatz
Bei Agilität im großen Stil ist gerade »Ent-Skalierung« unverzichtbar. »Ent-Skalierung« bedeutet das fortwährende Bestreben, die Autonomie von Teams herzustellen. Skalierungsmaßnahmen werden somit überflüssig. Koordination ist auch bei Agilität im großen Stil eigentlich *Verschwendung* (*Waste*). Und die will niemand. Die gegenseitige Abstimmung zwischen den Teams muss reduziert werden. Nur dann kann eine Situation entstehen, in der eine begrenzte Anzahl von Teams in der Lage ist, gemeinsam schnell Wert für Kunden zu liefern. Agilität im großen Stil erfordert eigentlich kein Hochskalieren, sondern eine Ent-Skalierung, wie schwer das auch sein oder wie unmöglich das auch erscheinen mag. Erst wenn sich große Organisationen in unabhängige, autonome Teams aufteilen, die dann mit hoher Frequenz Ergebnisse liefern, ist die Skalierung von Agilität gelungen.

16.1 SIEBEN SCHWERPUNKTE FÜR AGILE SKALIERUNG

1 **Skalieren, indem der Fokus auf direkten Kundennutzen gelegt wird.** Vermeiden Sie einen Fokus auf interne Prozesse und interne Beiträge von Teams. Dazu wählen Sie *Value Streams* als Ausgangspunkt, denn diese bilden die Dimension, entlang der Kunden spüren, dass sich etwas verändert. Lassen Sie sich beim Definieren und Priorisieren dieser Wertströme von Product Ownern unterstützen. Sie haben diesbezüglich oft den besten Überblick.

2 **IT-Landschaft und interne Organisation vereinfachen.** Das Einrichten komplexer Skalierungsstrukturen mit vielen Rollen und Prozessen ist nicht hilfreich. Im Gegenteil – erforderlich ist eine Vereinfachung der IT-Landschaft und der internen Organisation. Wichtige Gründe für mangelnde Schnelligkeit sind oft Fragmentierung, Spezialisierung und dadurch viele gegenseitige Abhängigkeiten. Das ist an sich nicht überraschend: Schon *Conway's Law* von 1967 besagt, dass die Architektur eines Systems ein Spiegelbild der Organisationsstruktur darstellt, die es hervorgebracht hat. Stark segregierte Organisationen haben somit die Tendenz, ebensolche Systeme zu schaffen. Und diese sind nicht besonders flexibel. Eine Vereinfachung von Systemen beginnt deshalb mit einer Vereinfachung der Organisation selbst.

3 ***Continuous Delivery* von Anfang an.** Bei agiler Skalierung entsteht oft die Tendenz, die Integration der Arbeit zwischen den Teams aufgrund ihrer Komplexität aufzuschieben. So wird mit agilem Vorgehen auf Teamebene begonnen, jedes Team liefert Teilprodukte, doch die Integration zwischen den Teams findet erst spät oder nie statt. *Continuous Delivery* sorgt dafür, dass Ergebnisse früh und oft integriert werden, und ist eine Grundvoraussetzung, um in großem Stil agil arbeiten zu können. Jeder Mitarbeiter muss binnen einer Stunde Feedback von einem automatisierten Test bekommen können, um Integrationsprobleme frühzeitig zu erkennen. Zudem ist Continuous Delivery ein Katalysator für Einfachheit, denn hochgradig voneinander abhängige und komplexe Lösungen passen unmöglich mit Continuous Delivery zusammen. Deshalb beginnen Teams bei der Einführung von Continuous Delivery automatisch mit einer Vereinfachung der Architektur.

4 **Skalierungsmodelle nicht als Blaupause benutzen.** Übernehmen Sie Modelle wie SAFe (Scaled Agile Framework, siehe Abschnitt 16.2) nicht unbesehen. Entwickeln Sie am besten selbst ein Skalierungsmodell, das zu Ihrer eigenen Situation, Ihren Kunden, Systemen und bekannten Problembereichen passt. Manche Organisationen kopieren bei-

spielsweise das Spotify-Modell. Doch dieses Modell funktioniert vor allem perfekt für – Spotify. Und selbst diese Organisation entwickelt es immer noch weiter. Eine Skalierungslösung von jemand anders zu kopieren funktioniert nur dann, wenn das Problem und der Kontext völlig identisch sind – und das ist leider äußerst selten der Fall. Vermeiden Sie zudem den Fehler, das Denken vom Handeln zu trennen. Kommt zum Beispiel SAFe zum Einsatz, so sorgen Sie dafür, dass immer auch Mitglieder aus den Teams auf den höher gelegenen Programm- und Portfolioebenen beteiligt sind.

5 **Für eine intakte Basis sorgen.** Wenn Teams sehr stark voneinander abhängig sind, ist es besonders wichtig, dass sie verlässlich liefern. In einer Kette von beispielsweise fünf Teams, von denen jedes 80 Prozent seiner geplanten Aufgaben liefert, ist es möglich, dass die Kette als Ganzes nichts liefert. Denn in jedem Sprint kann eventuell eins der Teams ein entscheidendes Teilstück nicht rechtzeitig fertigstellen, womit das Endergebnis nicht funktioniert. Teams müssen in einer skalierenden Organisation deshalb sehr vorhersagbar sein und proaktiv die Abstimmung untereinander suchen. Dazu ist ein gut funktionierendes Product-Backlog-Management von entscheidender Bedeutung. Denn in der Praxis hat sich gezeigt, dass die häufigste Ursache für eine Unvorhersagbarkeit von Teams das Fehlen eines ausreichend detaillierten (und »ready«) Product Backlog ist.

6 **Unterscheiden zwischen Wert- und Komponententeams.** In einer idealen Situation ist jedes Team in der Lage, selbstständig Wert bzw. Nutzen für den Kunden zu liefern. Dann deckt das Team einen kompletten Wertstrom ab. In vielen Fällen gelingt das jedoch nicht, und so wird aus unterschiedlichsten Gründen mit Teams gearbeitet, die eine oder mehrere Komponenten warten und entwickeln. Und alle diese Komponenten müssen wieder integriert werden. Unterscheiden Sie deshalb in zwei Arten von Teams: Wert-/Feature-Teams und Support-/Komponententeams. Wert-/Feature-Teams unterstützen einen Wertstrom oder ein Feature für Kunden und liefern somit eigenständig Kundennutzen. Support-/Komponententeams stellen Komponenten oder Applikationen zur Verfügung, die von den Wert-/Feature-Teams genutzt werden können.

7 **Die Governance anpassen.** Die vorhandene Governance passt selten zum agilen Arbeiten im großen Stil, denn sie stellt eine Verankerung der alten, segregierten Organisation dar. Wenn eine Organisation in großem Stil agil arbeiten will, dann muss die Governance angepasst werden. Dies erfordert häufig rigorose Änderungen, die nicht immer im Voraus zu überschauen sind. Deshalb empfiehlt es sich, die Governance Schritt für Schritt (neu) auszurichten (siehe Kapitel 11).

Fitte und flexible
Organisationen
begrüßen das
Unbekannte, denn sie
sind zu allem bereit!

16.2 WAS IST SAFE?

Das bekannteste und populärste Framework für agile Skalierung ist das Scaled Agile Framework (SAFe). Es ist auch das einzige Framework, das konkret und detailliert umreißt, wie ein agiles Unternehmen tatsächlich aussehen könnte. In SAFe arbeiten die Teams in einem sogenannten *Agile Release Train* (ART) zusammen, der aus etwa 50 bis 125 Leuten besteht. Innerhalb eines ART arbeiten die Teams gemeinsam an einem Produkt, weshalb eine Koordination zwischen ihnen erforderlich ist. Ein anderer wichtiger Bestandteil von SAFe ist das Konzept des *Program Increment Planning* (PI Planning – siehe Abschnitt 16.3). Im Verlaufe dieses Plannings erstellen alle Teams und Stakeholder gemeinsam innerhalb von zwei Tagen einen Plan für die kommenden acht bis zwölf Wochen.

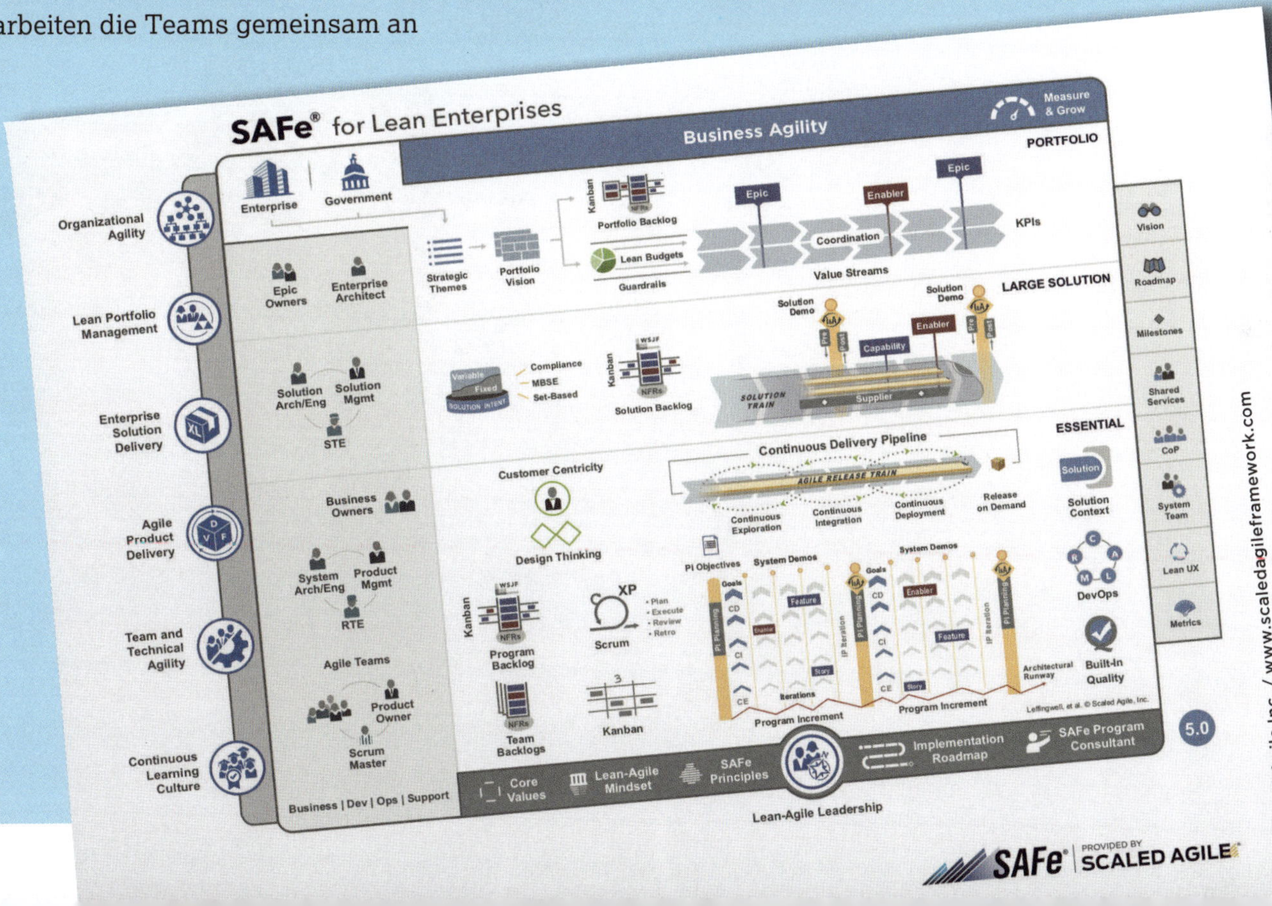

© Scaled Agile Inc. / www.scaledagileframework.com

Agile Transformationen finden Schritt für Schritt statt.

16.3 IN SIEBEN SCHRITTEN ZUM PI PLANNING

1 **Finden Sie heraus, welche Teams gemeinsam Wert schaffen.** Die Art, wie Organisationen hierarchisch aufgebaut sind, stimmt oft nicht mit den Wertströmen zum Kunden überein. Um sich schnell einen Überblick zu verschaffen, ist es ratsam, eine Wertstromanalyse durchzuführen. Unterscheiden Sie dabei zwischen dem operativen Wertstrom (Wie liefert die Organisation Wert an den Kunden?) und dem entwickelnden Wertstrom (Wie verbessert die Entwicklungsorganisation den operativen Wertstrom?). Das verdeutlicht, welche agilen Teams und Stakeholder ins PI Planning einbezogen werden müssen.

2 **Sorgen Sie dafür, dass entscheidende Stakeholder anwesend sind.** Ein PI Planning wird nur dann funktionieren, wenn auch die wichtigsten Stakeholder dahinterstehen. Sorgen Sie deshalb dafür, dass sie bei den für sie relevanten Programmpunkten wie der Eröffnung, der Präsentation der Planentwürfe, der Präsentation der endgültigen Pläne und beim Managementreview anwesend sind. Achten Sie darauf, sie zeitig einzuladen und aktiv einzubeziehen. Es kann vorkommen, dass Stakeholder lediglich Vertreter ohne wirkliches Mandat schicken oder bei den wichtigsten Punkten nicht anwesend sind. Hüten Sie sich davor, denn das führt lediglich zu Teilentscheidungen und zu Verzögerungen.

3 **Organisieren Sie die Logistik.** Das PI Planning ist ein zweitägiges Event, bei dem die persönliche Interaktion zwischen den Teilnehmern im Mittelpunkt steht. Organisieren Sie einen großen Raum, in dem im Plenum präsentiert werden kann, jedes agile Team seine eigene Tischgruppe hat und wo ausreichend Platz für alle Stakeholder ist. Sorgen Sie auch für ausreichend Moderationsmaterial wie Post-its, Flipcharts, Stifte usw. Reservieren Sie darüber hinaus rechtzeitig Flüge und Hotels und denken Sie auch an Visa und Ähnliches. Natürlich kann man Videoverbindungen zwischen mehreren Standorten schaffen, es ist jedoch besser, alle Teilnehmer an einem Standort zusammenzubringen.

4 **Schulen Sie alle Teams und die weiteren Beteiligten.** Um sicherzustellen, dass jeder seine Rolle gut ausfüllen kann, ist es wichtig, die Beteiligten zu schulen. Das schafft ein gemeinsames Verständnis, was von jedem vor, während und nach dem PI Planning erwartet wird. Die Empfehlung ist, alle Teams gleichzeitig unmittelbar vor dem ersten PI Planning zu schulen. Der größte Fallstrick ist wohl, ohne Schulung und Anleitung loszulegen und Fehler zu wiederholen, die andere Organisationen schon früher gemacht haben.

5 Bereiten Sie das Program Backlog vor.
Das Produktmanagement und die Product Owner bereiten im Vorfeld des PI Plannings den Umfang/die Features vor. Hierzu stimmen sie sich mit allen Stakeholdern ab. In den Wochen vor dem PI Planning werden auch die agilen Teams einbezogen, sodass sie ausreichend mit der Materie vertraut sind. Es ist wichtig, dass es nur genau ein Backlog gibt. Dies ermöglicht einen Vergleich der Arbeiten und relative Schätzungen in Bezug auf Wert und Größe. Gleichzeitig kann das Backlog priorisiert werden. Eine Faustregel besagt, dass zirka zehn Features gut vorbereitet werden sollten, was ungefähr dem Anderthalbfachen der Arbeit entspricht, die die Teams in der kommenden Periode realistisch umsetzen können.

6 Bereiten Sie die Agenda vor. Obwohl jedes PI Planning einzigartig ist, kann dennoch eine Standardagenda für ein zweitägiges PI Planning erstellt und nach Bedarf angepasst werden. Nebenstehend finden Sie ein Beispiel.

Insbesondere die Präsentationen zur Eröffnung des ersten Tages müssen gut vorbereitet werden. Hierzu sollte ein einflussreicher Stakeholder (z. B. ein Senior Manager) mit dem Business-Kontext eröffnen. Seitens des Produktmanagements wird die Produktvision vorgestellt, wozu auch die Präsentation der Features gehört. Ein Architekt oder technischer Experte präsentiert eine Architekturvision. Einige Organisationen versuchen, das PI

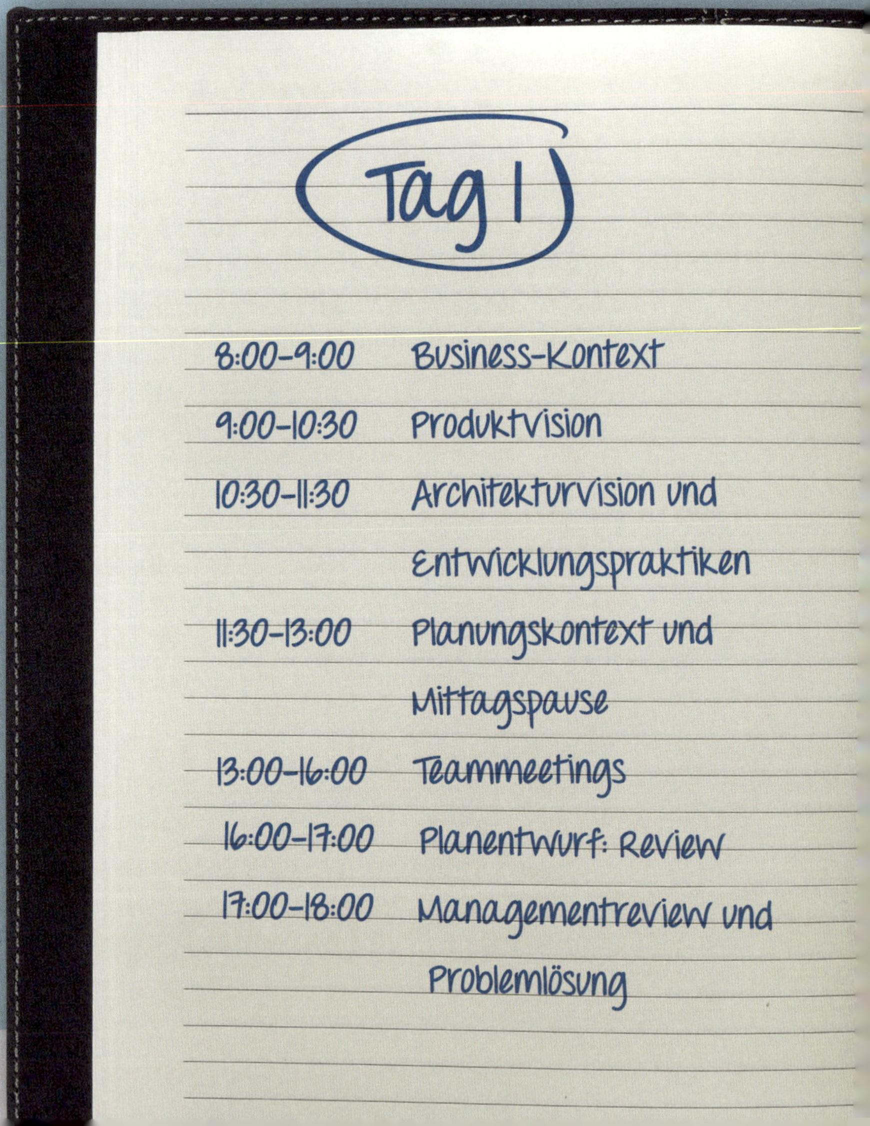

Planning in einem Tag unterzubringen. Das sieht effizient aus, erweist sich aber als weniger effektiv. Es ist äußerst wertvoll, iterativ zu planen und

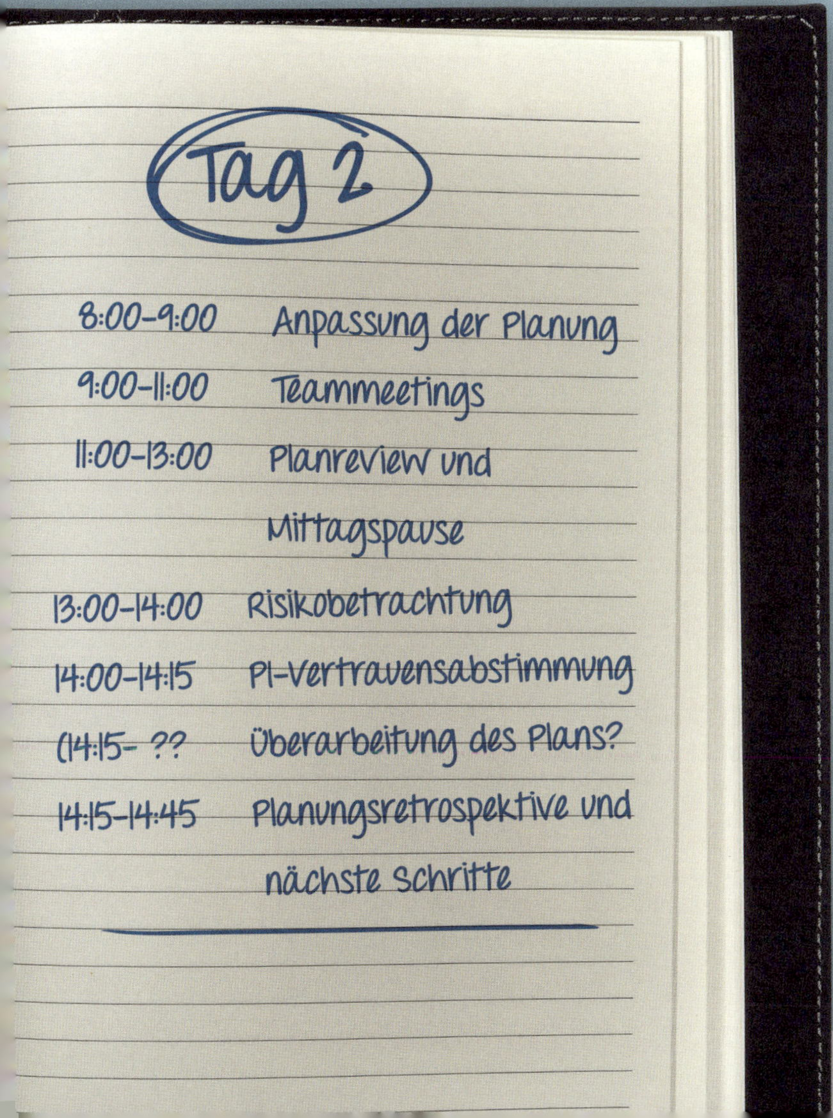

den aufgewirbelten Staub sich zwischendrin erst mal wieder setzen zu lassen. Bewusst eine Nacht darüber zu schlafen (und am Abend sich informell weiter darüber zu unterhalten), ist kein überflüssiger Luxus.

7 **Legen Sie einen festen Rhythmus fest.** Es ist hilfreich, unmittelbar einen Rhythmus für die Zukunft festzulegen. Die folgenden PI Plannings können dann sofort eingeplant werden, sodass jeder sie in der Folge berücksichtigen kann. Häufig entscheidet man sich für einen Rhythmus von zwölf Wochen (sechs Sprints à zwei Wochen). Ein weiterer Vorteil ist, dass ein Programminkrement (PI) dann ungefähr ein Quartal dauert. Ein fester Rhythmus sorgt für Vorhersagbarkeit, sodass sich der Fokus auf all die andere Komplexität rund um die Wertschöpfung richten kann. Im Grunde geht es darum, den Arbeitsumfang an den Rhythmus anzupassen, nicht anders herum. Ein anderes wichtiges Element von SAFe ist das Meeting *Inspect & Adapt* (I&A). Das bildet den Abschluss des Programminkrements, bei dem es darum geht, das Produkt und den Prozess zu verbessern. Es ist ein halbtägiges Meeting, an dem alle Teams teilnehmen. Planen Sie deshalb das I&A-Meeting direkt vor dem nächsten PI Planning. Die Erkenntnisse aus diesem Meeting können so direkt in die Planung einfließen.

17

AGILE AUFTRAGGEBER

AGILITÄT IST EIN VIELVERSPRECHENDER ANSATZ, UM ARBEIT ANDERS ZU ORGANISIEREN. DOCH VIELE ORGANISATIONEN LAGERN EINEN GROSSTEIL IHRER ARBEIT AUS. WAS KANN AGILITÄT FÜR DIESE ORGANISATIONEN LEISTEN? WAS BEDEUTET AGILITÄT DANN IN DER ROLLE DES AUFTRAGGEBERS? MIT ANDEREN WORTEN: AGILER AUFTRAGGEBER SEIN – WIE MACHT MAN DAS?

Das Risikomanagement verändert sich mit Agilität grundlegend durch den ständigen Fokus auf ein sichtbar funktionierendes Ergebnis.

Im Wesentlichen geht es bei agiler Auftragsvergabe um einen völlig anderen Umgang mit Lieferanten, weil Agilität eine komplett andere Steuerung ermöglicht. Die Steigerung der Rendite wird durch Agilität von »Steuern nach Kosten« hin zu »Steuern nach Erlösen« verändert.

Traditionell bedeutet eine Erhöhung des *Return on Investment* (ROI) vor allem eine Kostensenkung. Das ist in einer Outsourcing-Beziehung nicht wirklich fair, denn ein Gewinn für den einen ist gleichbedeutend mit einem Verlust für den anderen. Eine Steuerung nach und der Fokus auf Kosten verbergen das, worum es wirklich geht: die Maximierung der Erlöse. Bei einer agilen Arbeitsweise wird kontinuierlich der Kurs angepasst. Die Steigerung des ROI erfolgt hierbei über eine Steuerung nach Erlösen statt nach Kosten. Ein Gewinn für den einen bedeutet dann auch einen Gewinn für den anderen. Es ist wichtig, sowohl für den Lieferanten als auch für den Auftraggeber faire Kosten zu gewährleisten, indem diese so transparent wie möglich gemacht werden. Dann entsteht eine Zusammenarbeit mit dem Ziel, die Rendite zu erhöhen.

Auch das Risikomanagement verändert sich mit Agilität grundlegend durch den ständigen Fokus auf ein sichtbar funktionierendes Ergebnis. Risiken werden früher erkannt und über jeden Sprint verteilt, statt sie bis zum Ende aufzuschieben. Als agiler Auftraggeber agiert man also grundlegend anders. Durch den Fokus beim agilen Arbeiten auf direkte Wertschöpfung, immer ein funktionierendes Produkt und ständige Verbesserung ist das Leben des Auftraggebers einfacher geworden. Alle Beteiligten konzentrieren sich gemeinsam auf das Endergebnis und die Rendite. Und letztendlich ist es genau das, worum es jedem von uns geht: funktionierende Ergebnisse mit hoher Qualität und maximaler Wertschöpfung.

17.1 ACHT FRAGEN ZUR AGILEN AUFTRAGSVERGABE

1 **Wie wählt man einen agilen Lieferanten aus?** Achten Sie bei der Auswahl eines agilen Lieferanten darauf, ob dieser wirklich auf der Suche nach Zusammenarbeit und Interaktion mit dem Kunden ist. Ein guter Lieferant stellt das funktionierende Endprodukt in den Mittelpunkt und seine Arbeitsweise ist auf kontinuierliche Verbesserung ausgerichtet. Diese Arbeitsweise ist flexibel genug, um auch mal von ihr abzuweichen, wenn es erforderlich ist. Hüten Sie sich vor Lieferanten, die agiles Vorgehen nutzen, um das Risiko zum Auftraggeber zu verlagern, und die nicht von Erlösen sprechen. Bei einem guten agilen Lieferanten wird immer das Endergebnis (funktionierende und getestete Ergebnisse) mit dem höchstmöglichen Mehrwert im Mittelpunkt stehen.

2 **Wie verhandelt man mit einem agilen Lieferanten?** Die Verhandlungen mit einem agilen Lieferanten zielen darauf ab, die Rendite der Zusammenarbeit zu erhöhen. Bei einer Optimierung des ROI in einer agilen Kooperation geht es vor allem um die Steigerung der Erlöse. Diese Erlöse hat der Auftraggeber selbst in der Hand, denn sie werden ja über das Backlog gesteuert. Ein nützliches Werkzeug bei der Verhandlung mit einem agilen Lieferanten ist daher die Forderung nach einer transparenten Preisgestaltung. Dann wird klar erkennbar, was die Lohnkosten sind, was der Lieferant an Gemeinkosten einrechnet und welche Gewinnmarge erzielt wird. Sorgen Sie für einen fairen Preis sowohl für Auftragnehmer als auch Auftraggeber. Dann muss nicht lange über Kosten gesprochen werden und man kann sich dem zuwenden, was wirklich wichtig ist: die Erlöse.

3 **Wofür kann man einen agilen Lieferanten bezahlen?** Ein agiler Lieferant kann für die Lieferung eines funktionierenden und getesteten Produkts am Ende jedes Sprints bezahlt werden. Den Wert dieses Produkts bestimmt der Auftraggeber anhand des Backlogs selbst. Ein agiler Anbieter ist sich darüber im Klaren, dass die Gewährleistung funktionierender Ergebnisse nur über eine gute Zusammenarbeit ermöglicht wird, bei der alles transparent ist und jeder sein Augenmerk allein auf das Ergebnis richtet.

4 **Was kann man selbst tun, um einen agilen Lieferanten gut zu steuern?** Das Wichtigste für den Auftraggeber ist ein Product Owner, der Entscheidungen treffen kann und darf und der einen guten Blick für den Geschäftswert der zu liefernden Ergebnisse besitzt. Das ist einfacher gesagt als getan, denn Product Owner haben immer zu

wenig Zeit. Aber Vorsicht: Ohne guten Input kann selbst der beste Lieferant keinen guten Output liefern. Letztlich steht der Auftraggeber (Product Owner) selbst am Ruder. Die Einrichtung eines guten Backlog-Prozesses, in den die Stakeholder einbezogen sind, ist ebenso wichtig, wie sicherzustellen, dass der Lieferant Feedback erhält. Sorgen Sie deshalb dafür, dass jede Lieferung nach jedem Sprint von Endnutzern geprüft wird und achten Sie ständig auf mögliche neue Einsichten und Erkenntnisse. Denn sie schaffen zusätzlichen Mehrwert.

5 **Wie sieht es mit Qualität und Dokumentation aus?** Innerhalb agiler Arbeitsweisen ist Qualitätsmanagement sehr gut möglich. Schließlich liefert jeder Sprint wertvolle Ergebnisse und Tests auf Qualität werden kontinuierlich ausgeführt und nicht erst am Ende. Zudem hilft es, gemeinsam mit dem Lieferanten eine Definition of Done (DoD) aufzustellen, sodass beiden Seiten völlig klar ist, was getan werden muss, um die Ergebnisse wirklich fertigzustellen und zu liefern. Erstellen von Dokumentation ist somit ein Teil der Definition of Done. Im Übrigen werden die Ergebnisse nicht erst ganz am Ende abgenommen. Agile Arbeitsweisen streben danach, dass die Arbeit immer abgeschlossen wird. Sorgen Sie deshalb dafür, dass die Abnahme von Ergebnissen zum integralen Bestandteil jedes Sprints wird.

6 **Wie eskaliert man innerhalb einer agilen Zusammenarbeit?** Auch bei agiler Zusammenarbeit kann Eskalation erforderlich sein. Dafür hat sich ein Lenkungsausschuss als praktisch erwiesen. Dieser trifft sich mindestens einmal im Monat und überprüft, inwieweit die Kooperation den erwarteten Wert liefert. Daneben kann der Lenkungsausschuss Maßnahmen ergreifen, um die Zusammenarbeit zu stärken oder auch zu beenden, falls das erforderlich ist. Dieser Ausschuss setzt sich aus je einem Managementvertreter von Auftraggeber und Auftragnehmer, dem Product Owner, einem agilen Coach und einem Vertreter des Teams zusammen. Praktischerweise ist der Product Owner Vorsitzender des Lenkungsausschusses. Er oder sie trägt die Verantwortung für die Rendite und hat somit das größte Interesse an einem gut funktionierenden Lenkungsausschuss.

7 **Wie verhindert man, dass alles eskaliert?** Viele agile Kooperationsvereinbarungen sind sowohl für Auftraggeber als auch Auftragnehmer neu. Und so besteht das Risiko, dass jede Anpassung im Lenkungsausschuss entschieden werden muss, was zulasten der Flexibilität geht. Ein guter Lösungsansatz besteht darin, einen externen agilen Coach von einer dritten Partei hinzuzuziehen. Dieser Coach konzentriert sich auf einen reibungslosen Prozess und ist in erster Linie dafür verantwortlich, dass die Zusammenarbeit immer

besser und effektiver wird. In einer Kunden-Lieferanten-Beziehung spielen immer auch eigene Interessen eine Rolle. Der agile Coach muss deshalb unparteiisch und sehr erfahren sein, eine starke Persönlichkeit besitzen und über Managementkompetenzen verfügen.

8 **Was nimmt man in einen agilen Vertrag auf?**
Die vertragliche Seite rund um Agilität ist noch nicht sonderlich gut entwickelt, wenn auch so langsam einige Good Practices sichtbar werden. Im Folgenden ein paar Tipps:

- Es ist entscheidend, dass der Anbieter ein Vollzeitteam stellt (also nicht mit Teammitgliedern, die für mehrere Kunden/Projekte arbeiten). Der Fokus ist auf einen Auftraggeber gerichtet und über ein Backlog auf ein funktionierendes Produkt.
- Jeder Sprint muss funktionierende und getestete Ergebnisse konform zu einer Definition of Done liefern. Es ist empfehlenswert, Klauseln zu Vertragsstrafen erst dann zur Anwendung zu bringen, wenn mehr als 20 Prozent aller Sprints nicht erfolgreich verlaufen.
- Zu jedem Sprint gehört eine Überarbeitung des Backlogs, sodass dieses immer eine aktuelle Bewertung der verbleibenden Arbeit umfasst.
- Ein Vertrag darf vorzeitig beendet werden, denn warum sollte man fortfahren, wenn der geschaffene Mehrwert ausreicht? Deshalb sind Abbruchkriterien erforderlich, die weder für Auftraggeber noch Auftragnehmer schmerzlich sind.

Innerhalb agiler Arbeitsweisen ist Qualitätsmanagement sehr gut möglich. Schließlich liefert jeder Sprint wertvolle Ergebnisse und Tests auf Qualität werden kontinuierlich ausgeführt und nicht erst am Ende.

17.2 WIE GESTALTET MAN EINE AGILE AUSSCHREIBUNG?

Bei einem agilen Projekt sollte man anstelle eines traditionellen Ausschreibungsprozesses besser einem völlig anderen Prozess folgen. So wird von Anfang an gemeinsam an der Schaffung eines wertvollen Ergebnisses und an gegenseitigem Vertrauen gearbeitet.

Eine traditionelle Herangehensweise ist zum Beispiel der *Request for Proposal* (RfP), ein schrittweiser Prozess, bei dem man sich eine große Anzahl möglicher Lieferanten (Long List) anschaut, um am Ende (oft mittels einer Short List) bei einem Anbieter zu landen, der für die Aufgabe am besten geeignet erscheint. Diese Phase ist ein dokumentenintensiver Zeitabschnitt voller Präsentationen, Frage-Antwort-Sessions und, nicht zu vergessen, Preis- und Vertragsverhandlungen. Diese Schritte sind eine zeit- und kostenintensive Sache. Die komplette Durchlaufzeit beträgt bei einem etwas umfangreicheren RfP schnell ein halbes Jahr (und per Aufwand einige Personenjahre). Angesichts der Geschwindigkeit, mit der sich der Markt momentan verändert, ist die Frage- oder Problemstellung dann regelmäßig bereits veraltet. Lassen sich so viel Zeit und Aufwand nicht gewinnbringender investieren?

Auffällig ist, dass in einem RfP die wichtigsten Entscheidungen nicht auf der Basis von Fakten, sondern vor allem aufgrund von Versprechungen und Annahmen getroffen werden. Denn die Zusammenarbeit beginnt erst nach dem RfP, und erst dann folgen Fakten. Und das ist wirklich jammerschade, denn wir wissen ja, dass der wirkliche Test jeder Theorie die Praxis ist. Oder, wie die Engländer das so schön sagen: »The proof of the pudding is in the eating.« (Der Test des Puddings besteht darin, dass man ihn isst.)

Um eine wirklich erfolgreiche agile Kooperation zu beginnen, scheint das traditionelle Ausschreibungskonzept ungeeignet zu sein, denn es verschiebt den Beginn der Zusammenarbeit auf den Zeitpunkt nach der Entscheidung. Um herauszufinden, welcher Lieferant am besten passt, am effektivsten mit Veränderungen umgehen und am verlässlichsten Ergebnisse liefern kann, ist es besser, dies auf Basis von Erfahrungen und Fakten zu entscheiden. Wir sollten deshalb wirklich einmal darüber nachdenken, was eigentlich passiert, wenn wir alle diese RfP-Schritte über Bord werfen und auf eine völlig andere, interaktive und ergebnisorientierte Weise den einen Anbieter finden. Dazu muss an die Ausschreibung selbst agil herangegangen werden.

Beginnen Sie so schnell wie möglich, mit einem (bzw. einer begrenzten Anzahl von) Anbieter(n) zusammenzuarbeiten. Legen Sie den Schwerpunkt auf funktionierende Ergebnisse und häufige Lieferungen. Bezahlen Sie die Anbieter ganz normal dafür und entscheiden Sie so schnell wie möglich, mit welchem Sie am besten zusammenarbeiten können. So beginnt die Zusammenarbeit schon während des Auswahlprozesses und eine Entscheidung wird erst auf der Basis gezeigter Leistungen getroffen.

Die Zusammenarbeit und der Aufbau gegenseitigen Vertrauens beginnen vom allerersten Moment an. Versuchen Sie deshalb, so schnell wie möglich agile Prinzipien anzuwenden. Stellen Sie die Interaktion in den Mittelpunkt und arbeiten Sie ab dem ersten Tag an wertvollen Produkten. Eigentlich ist agiles Arbeiten nichts anderes, als ein großes Projekt in eine Reihe kleiner Projekte aufzuteilen. Und das ist wirklich eine gute Idee. Studien haben ja gezeigt, dass kleine Projekte viel höhere Erfolgsaussichten haben als große. Zudem liefert jedes kleine Projekt ein funktionierendes und getestetes Ergebnis und kann jederzeit beendet werden. Ein weiterer Vorteil besteht darin, dass alle Stunden, die traditionell für die Auswahl eines einzigen Lieferanten aufgewendet wurden, nun dafür genutzt werden können, funktionierende und wertvolle Ergebnisse zu erzielen. Eine Win-win-Situation also! Erst wenn eine Anbieterauswahl nicht mehr einem traditionellen RfP gleicht und alle Beteiligten bestrebt sind, so gut es geht zur bestmöglichen Zusammenarbeit zu finden, ist auch der Einkaufsprozess für ein agiles Projekt wirklich agil.

Um eine wirklich erfolgreiche agile Kooperation zu beginnen, scheint das traditionelle Ausschreibungskonzept ungeeignet zu sein, denn es verschiebt den Beginn der Zusammenarbeit auf den Zeitpunkt nach der Entscheidung.

17.3 NEUN MERKMALE EINER IDEALEN AGILEN AUSSCHREIBUNG

1 **Führen Sie den Ausschreibungsprozess ebenfalls agil durch.** Unterteilen Sie ihn in kurze Iterationen, bei denen das Endprodukt in jeweils abgeschlossenen Teilen geliefert wird. Jede Iteration hat zum Ziel, der gesamten Ausschreibung eine konkretere Form zu geben. Die festgelegten Schritte – Anforderung ausschreiben, dokumentieren, Qualitätssicherung, Präsentationen und anschließende Auswahl – werden in jeder Iteration durchlaufen. Agile Konzepte, die hierbei zum Einsatz kommen können, sind beispielsweise Workshops und insbesondere zwischenzeitliche Reviews und Demos von (Teil-)Produkten.

2 **Arbeiten Sie vom allerersten Moment an am Produkt und am Geschäftswert, der mit ihm erzielt werden soll.** Es geht um das Geschäftsergebnis, nicht um das System. Der Schwerpunkt liegt somit auf dem Wert, der Qualität und dem Endnutzer statt auf Deadlines, dem Budget und dem Leistungsumfang. Preis und Kosten werden dadurch in Relation zu den Erlösen gesetzt.

3 **Machen Sie die Definition of Done zum Bestandteil der Ausschreibung.** Stellen Sie sicher, dass die Anforderungen an Dokumentation, Testautomatisierung oder Codequalität transparent sind. Der Lieferant ist verpflichtet, mit jedem Sprint funktionierende und getestete Ergebnisse zu liefern, die zur vereinbarten Definition of Done konform sind. Das sichert Qualität.

4 **Erarbeiten Sie zusammen mit einigen Anbietern die Produktvision und das Product Backlog.** Investieren Sie dafür einige Tage gemeinsam mit dem Entwicklungsteam, das die Aufgaben umsetzen wird. Bewerten Sie zusammen das Backlog, sodass die Schwierigkeiten, Unklarheiten und Risiken auf transparente Art besprochen werden können. Führen Sie das mit einigen Anbietern durch, um herauszufinden, mit wem Sie am besten zusammenarbeiten können.

5 **Beschreiben Sie das Problem, nicht die Lösung.** Der Lieferant verfügt oft über viel mehr Verständnis für die Technologie und hat Erfahrung mit Lösungen und Ideen. Beschreiben Sie deshalb anstelle einer möglichen Lösung so detailliert wie möglich das zu lösende Problem. Stellen Sie KPIs zur Verfügung und nutzen Sie repräsentative Szenarien, anhand derer geprüft werden kann, ob das System den gewünschten Wert liefert. Legen Sie also nicht den funktionalen Umfang fest, sondern den Umfang des zu liefernden

Geschäftswerts. Leistungsorientierter Einkauf (*Best Value Procurement*) passt viel besser zu einem agilen Mindset als traditionelle RfPs.

6 **Schaffen Sie eine Win-win-Situation rund um stabile Teams und Produktivitätszuwachs.** Hochproduktive Teams, die regelmäßig hohen Geschäftswert liefern, werden mit einer guten Bezahlung belohnt. Um das zu erreichen, sind Teams mit einer stabilen Zusammensetzung erforderlich. Bitten Sie Ihren Lieferanten darum, komplette agile Teams anzubieten. Deren Teammitglieder arbeiten vielleicht schon länger in dieser Zusammensetzung miteinander und sind deshalb aufeinander eingespielt.

7 **Erarbeiten Sie gemeinsam mit dem Lieferanten einen Vertrag, der so agil wie möglich ist.** Obwohl Verträge nicht immer deutlich machen, wie die Arbeit tatsächlich ausgeführt wird, sind sie doch erforderlich, um die Randbedingungen für eine agile Zusammenarbeit festzuschreiben. Im Vertrag sollte Folgendes klar geregelt sein:

- Das Produkt muss immer »fertig« (*done*) sein: Jeder Sprint liefert funktionierende und getestete Ergebnisse.
- Einfache Ausstiegs-/Stopp-Kriterien: Letztlich ist das Produkt ja immer »fertig«, also kann man jederzeit aufhören.
- Anpassungen am Leistungsumfang sind gratis: Änderungen erfolgen immer über das Product Backlog, einen zusätzlichen Aufwand gibt es somit nicht mehr.
- Klare Vereinbarungen über die Stabilität der Teams: Boni für stabile Teams und Kürzungen bei Personaländerungen.

8 **Streben Sie eine äußerst transparente Preisgestaltung an.** Verkaufen Sie als Anbieter komplette Teams pro Sprint. Machen Sie dabei deutlich, wie sich das Team zusammensetzt und wie der Komplettpreis zustande gekommen ist. Von Kundenseite können das verfügbare Budget, der Aufbau und die wichtigsten Rahmenbedingungen offengelegt werden. Oder noch besser – sorgen Sie für eine transparente Preisgestaltung, indem Sie ein Preismodell vereinbaren: direkte Lohnkosten, ein prozentualer Aufschlag für Gemeinkosten und ein zusätzlicher prozentualer Aufschlag für den Gewinn. Verhandeln Sie über den prozentualen Anteil von Gemeinkosten und Gewinn, nicht über den Preis. Entscheiden Sie gemeinsam, was ein fairer Gewinn ist, den beide Seiten in ihrem jeweiligen Umfeld vermitteln können.

9 **Prüfen Sie, ob sowohl Auftraggeber als auch Auftragnehmer agil sind.** Überprüfen Sie, wenn sich ein Anbieter oder Kunde entscheidet, ein Produkt agil entwickeln zu lassen, ob die betreffende Seite auch Wissen über und Erfahrung mit Agilität besitzt, also agil »ist« und nicht nur agil »tut«. Arbeiten Sie als Auftraggeber auch agil, denn wenn es Ihnen gelingt, neue Einsichten und Erkenntnisse während der Ausschreibung einzubeziehen, erhöht das die Qualität des Auswahlprozesses. Und Flexibilität während der Umsetzung stellt sicher, dass ein Produkt entsteht, das zu den aktuellen Wünschen und Anforderungen passt. Damit hält der Auftraggeber den Schlüssel zum Erfolg in den eigenen Händen.

Anpassungen am Leistungsumfang sind gratis: Änderungen erfolgen immer über das Product Backlog, einen zusätzlichen Aufwand gibt es somit nicht mehr.

18

AGILE VERTRÄGE

AGILITÄT IST IMMER HÄUFIGER EIN WICHTIGER TEIL EINER KUNDEN-LIEFERANTEN-BEZIEHUNG. DOCH DAS ERFORDERT DANN AUCH SIGNIFIKANTE VERÄNDERUNGEN DER VERTRAGLICHEN SEITE DER ZUSAMMENARBEIT.

Grundlegend anders

Sobald Kooperationsbeziehungen zwischen Kunden und Lieferanten auf agile Weise gestaltet werden, stehen ihre traditionellen Strukturen der Zusammenarbeit zur Diskussion. Agiles Arbeiten ist grundlegend anders und erfordert wegen seines iterativen Charakters andere Vertragsstrukturen als rein plangetriebene Arbeitsformen. In der Praxis entsteht der wichtigste Änderungsbedarf rund um die Themen Lieferung, Gewährleistungen und Vertragsunterzeichnungen, die spätere Anpassungen noch zulassen.

Veränderungen im Vertrag

Agiles Arbeiten bedeutet iteratives Liefern. Zwischenlieferungen bringen frühzeitiger Ergebnisse, aber stellen zugleich auch sicher, dass aus ihnen gelernt werden kann – in dem Sinne, was noch dazugehören könnte oder weggelassen werden kann. Aber auch, wie sich die Zusammenarbeit noch weiter verbessern lässt. Derartige Erkenntnisse bedeuten jedoch Änderungen am ursprünglichen Plan und/oder Vertrag. Jede dieser Anpassungen erfordert dann de facto eine neuerliche Unterschrift, und das ist nicht praktikabel. Deshalb müssen Vertragsstrukturen gefunden werden, die mit neuen Erkenntnissen und Lernerfahrungen umgehen können, gleichzeitig aber verhindern, dass alles zur Diskussion gestellt werden und komplett aus dem Ruder laufen kann. Folglich sind Strukturen erforderlich, die auf der einen Seite sowohl dem Kunden als auch dem Lieferanten einen klaren Rahmen setzen und gleichzeitig Raum lassen, um fortlaufend neue Erkenntnisse zu berücksichtigen. Die beiden wichtigsten Aufgabenlisten (Product Backlog und Sprint Backlog) bieten dafür eine Handhabe und müssen deshalb auch explizit in den Vertrag (oder in die dokumentierte Arbeitsweise) aufgenommen werden. Des Weiteren muss es möglich sein, die Art der Zusammenarbeit Schritt für Schritt zu verbessern, ohne dazu immer wieder den Vertrag ändern zu müssen.

Garantien

Auch bei agiler Kooperation stellt sich die Frage, welche Garantien ein Lieferant zu geben bereit ist. Auf der einen Seite wünscht sich der Kunde Sicherheit und will nicht den Launen eines Lieferanten ausgeliefert sein, andererseits ist Softwareentwicklung oft unvorhersehbar, sodass vieles im Vorfeld

unklar bleibt und neue Einsichten und Erkenntnisse erst während der Umsetzung gewonnen werden. Agile Arbeitsweisen bieten hierfür bessere Möglichkeiten, weil durch kontinuierliche Zwischenlieferungen die Risikoprofile mit der Zeit drastisch sinken. Agiles Arbeiten schafft mit fortschreitender Zeit eine immer bessere Vorhersagbarkeit, denn iteratives Liefern sorgt schnell für Ergebnisse. Product Backlog und Sprint Backlog verkörpern einen unterschiedlichen Grad an Unsicherheit, der in der Zusammenarbeit (und deshalb auch im Vertrag) berücksichtigt werden kann. Dies bietet die Möglichkeit, das Risiko über die Zeit zwischen Kunde und Lieferant zu verteilen.

Zusammenfassend lässt sich sagen, dass eine agile Kooperation auch andere Vertragsstrukturen erfordert. Mit der zunehmenden Praxis agiler Zusammenarbeit in Outsourcing-Beziehungen (sowohl im Inland, nearshore als auch offshore) sammeln immer mehr Organisationen Erfahrung bei der Gestaltung agiler Verträge. Es ist entscheidend, dass die grundlegenden Prinzipien der Agilität darin aufgenommen werden und bei den Vertragsverhandlungen nicht zu kurz kommen.

> Es ist entscheidend, dass die grundlegenden Prinzipien der Agilität [in die Verträge] aufgenommen werden und bei den Vertragsverhandlungen nicht zu kurz kommen.

18.1 SECHS PRINZIPIEN FÜR AGILE STRUKTUREN IN VERTRÄGEN

1 **Trennung zwischen Vertrag und Arbeitsweise.** Trennen Sie zwischen dem tatsächlichen Vertrag (der unterschrieben wird) und der Arbeitsweise (WoW: Way of Working). Der Vertrag bezieht sich dabei ausdrücklich auf diese Arbeitsweise (WoW) und enthält die Verfahrensschritte, um den WoW gemeinsam anzupassen. Dadurch muss eine Konkretisierung der operativen Zusammenarbeit nicht jedes Mal neu unterzeichnet werden.

2 **In kurzen Zyklen wird ein fertiges (*done*) Ergebnis geliefert.** Der Kern agilen Arbeitens ist das Liefern in kurzen Zyklen. Es wird also nicht alles auf einmal am Ende geliefert, sondern in kleinen Schritten, wobei jedes Zwischenergebnis »fertig« (*done*) ist. Dieses Prinzip sollte ein deutliches Kernkonzept des Vertrages bilden, in dem klare Absprachen darüber getroffen werden, welche Konsequenzen es hat, wenn nichts geliefert wird oder das Ergebnis nicht »fertig« (*done*) ist. Beschreiben Sie auch klar, wie die Einhaltung der Definition of Done (DoD) geprüft wird, wobei es nahezu unvermeidbar ist, dafür automatisierte Tests einzusetzen. Nennen Sie die DoD im Vertrag, verankern Sie diese jedoch außerhalb (zum Beispiel als Bestandteil der Arbeitsweise (WoW)). So kann die DoD angepasst werden, ohne dass der Vertrag erneut unterschrieben werden muss.

3 **Beide Seiten können die Zusammenarbeit problemlos beenden.** Der Kern agilen Arbeitens besteht in der schrittweisen Lieferung von Ergebnissen. Ein Ergebnis, das früher als geplant gut genug oder fertig ist, kann ein ausreichender Grund sein, aufzuhören. Das Beenden einer Kooperation wird oft als Scheitern angesehen und ist deshalb mit Scham und/oder Schmerz verbunden. Agiles Arbeiten profitiert davon, dass man »ohne Scham« aufhören kann, wenn der angestrebte Wert erreicht ist. Achten Sie deshalb auf einfache Abbruchkriterien, die für Auftraggeber und Auftragnehmer gleichermaßen gelten.

4 **Vereinbarungen über Garantien und Unsicherheiten sind nachweisbar.** Was kann man einander zusagen und wer trägt die Konsequenzen, wenn etwas nicht gelingt? Viele Kooperationen (auch bei agiler Arbeitsweise) basieren auf »Best Effort«. Das heißt faktisch, dass der Lieferant verspricht, sein Bestes zu tun, doch knallharte Garantien werden nicht gegeben. Bei lang laufenden Projekten war das eigentlich die einzige Möglichkeit. Bei agiler Arbeitsweise kann damit präziser umgegangen werden. Je größer die zeitliche Nähe, desto höher sind die Erfolgsaussichten. Je weiter etwas in der Zukunft liegt, desto unsicherer wird es. Somit können kurzfristig (für die

Ergebnisse des aktuellen Sprints) andere Garantien gelten als für längerfristige Ergebnisse (aus den kommenden Iterationen). Entscheidend dafür sind das Sprint Backlog (diese Iteration) und das Product Backlog (kommende Iterationen). Der Unterschied zwischen diesen beiden Backlogs muss ausdrücklich benannt werden. Der operative Umgang damit kann dann im WoW festgelegt werden.

5 **Teamstabilität ist als Win-win- oder Lose-lose-Situation gestaltet.** Stabile multidisziplinäre Teams sind eine wichtige Grundvoraussetzung für agiles Arbeiten. Mit ihnen wird die Vorhersagbarkeit erhöht und das Wissen im Team sichergestellt. Wechselt der Lieferant das Team, so ist der Kunde, vor allem aufgrund der gesunkenen Produktivität, davon am härtesten betroffen. Deshalb sollte Teamstabilität eine Win-win-Situation für beide Seiten sein. So kann der Lieferant zum Beispiel höhere Preise berechnen, wenn das Team stabil bleibt, oder vorübergehend die Preise senken, wenn es Veränderungen im Team gibt. Das Wichtigste jedoch ist, dass für Kunde und Lieferant gleichermaßen ein gemeinsames Win-win- und Lose-lose-Konstrukt für die Fluktuation von Teammitgliedern existiert. Gemeinsames Talentmanagement beugt Fluktuationen vor und sorgt so für Teamstabilität. Deshalb sollten Vereinbarungen zum Talentmanagement Teil der Zusammenarbeit und damit auch irgendwie im Vertrag verankert sein.

6 **Transparentes Ergebnis-Monitoring bleibt ohne Konsequenzen.** Um Erkenntnisse über den gelieferten Wert und die Produktivität zu erlangen, ist es ratsam, gemeinsam eine Reihe von KPIs zu definieren, zu überwachen und zu diskutieren. Sie dienen der kontinuierlichen Verbesserung der Leistungen. Wenn man offen über diese Verbesserungen sprechen will, ist es entscheidend, dass diese KPIs ohne jegliche Konsequenzen (formale Strafen oder Boni) in die Vereinbarung aufgenommen werden. Auf diese Weise können Verbesserungen objektiv und transparent für beide Seiten angestrebt werden.

Der Kern agilen Arbeitens ist das Liefern in kurzen Zyklen. Es wird in kleinen Schritten geliefert, wobei jedes Zwischenergebnis »fertig« (*done*) ist.

18.2 WIE CALVI DIE SECHS PRINZIPIEN UMGESETZT HAT

In den Jahren 2018 und 2019 hat CALVI[1] die Zusammenarbeit mit seinen Lieferanten (ein Offshore- und ein Nearshore-Unternehmen) in eine agile Vertragsform überführt. Die Prinzipien wurden dabei auf die folgende Weise implementiert:

1 **Ein unterzeichneter Mantelvertrag mit einem Dienstleistungsvertrag je Team.** Die vertragliche (und unterzeichnete) Zusammenarbeit wird mittels zweier Dokumente bekräftigt. Zum einen gibt es einen Mantelvertrag, in dem alle generischen Klauseln rund um Zahlungsmodalitäten, geistiges Eigentum usw. festgelegt sind. Dieser Mantelvertrag legt den Rahmen für zusätzliche Dienstleistungsvereinbarungen fest, die spezifisch mit jedem Team ausgearbeitet werden. Darin werden Vereinbarungen über Kompetenzen, Teamzusammensetzung, Tarife, Beauftragung und dergleichen mehr getroffen. Außerdem wird in einem Dienstleistungsvertrag auf einen separaten WoW (Way of Working) verwiesen. Dieser CALVI-WoW ist ein Dokument, in dem die tägliche Arbeitsweise sehr genau festgelegt ist, also wer macht was zu welchem Zeitpunkt und was kann man voneinander erwarten. Der WoW hat eine Versionsnummer und im Dienstleistungsvertrag ist die Art der Versionsverwaltung des WoW geregelt. Eine Anpassung des WoW bedarf keiner Unterschrift, sondern lediglich einer beiderseitigen Bestätigung per E-Mail. Es wurde bewusst die Entscheidung getroffen, sowohl dem Mantelvertrag als auch den Dienstleistungsvereinbarungen nur ein Startdatum zu geben und sie auf unbestimmte Laufzeit abzuschließen. Es gibt also kein Enddatum. Damit wird betont, dass die Zusammenarbeit auf Vertrauen und gegenseitigem Interesse beruht.

2 **Ein ausgearbeiteter WoW und eine DoD je Team.** Im WoW ist der zweiwöchentliche Lieferprozess beschrieben. Ebenso finden sich dort die DoD für jedes einzelne Team und eine generische DoD für alle Teams, also auch für alle Inhouse-Teams von CALVI. Auf diesem Wege wird klar und transparent, was die Teams voneinander erwarten können. Wie Überprüfungen und automatische Tests ausgeführt werden, ist ebenfalls im WoW beschrieben. Jedes Team hat dabei Zugang zu den Tests und den Testergebnissen der anderen Teams.

1. CALVI ist ein niederländischer Softwarehersteller von Lösungen für die Präsentation von Telekommunikationsrechnungen.

Es wurde bewusst die Entscheidung getroffen, sowohl dem Mantelvertrag als auch den Dienstleistungsvereinbarungen nur ein Startdatum zu geben und sie auf unbestimmte Laufzeit abzuschließen. Es gibt also kein Enddatum. Damit wird betont, dass die Zusammenarbeit auf Vertrauen und gegenseitigem Interesse beruht.

3 **Gegenseitige Kündigungsfrist von zwei Monaten.** Neben der vertraglichen Zusammenarbeit auf unbestimmte Zeit ist es dennoch erforderlich, dass man die Zusammenarbeit beenden kann. Dazu gibt es in jedem Dienstleistungsvertrag die Möglichkeit, ihn mit einer Frist von zwei Monaten zu kündigen. Falls sich beispielsweise der Auftrag eines Teams radikal verändert, kann für dieses Team ein neuer Dienstleistungsvertrag erstellt werden. Der alte verfällt damit und der neue wird aktiv. Man hat sich für eine Kündigungsfrist von zwei Monaten entschieden, weil das für beide Seiten relativ einfach zu handhaben ist. Zu guter Letzt ist im Mantelvertrag noch festlegt, dass dieser endet, sobald keine zugehörige Dienstleistungsvereinbarung mehr aktiv ist. Beide Seiten können somit jederzeit problemlos die Zusammenarbeit mit einer Frist von zwei Monaten beenden.

4 **Abweichung von 10 Prozent und 50 Prozent auf Vorhersagbarkeit.** Ein in der Vergangenheit immer wiederkehrendes leidiges Thema war für CALVI der Grad an Unsicherheit bezüglich der Zusagen der Zulieferer. Vor allem, weil die Konsequenzen verspäteter Lieferungen immer zulasten von CALVI gingen. Diesbezüglich wurde in den WoW aufgenommen, dass Aufgaben aus dem Sprint Backlog (diese Iteration) mit einer Abweichung bis 10 Prozent bezogen auf den Aufwand geliefert werden und Arbeit aus dem Product Backlog (kommende Iterationen) mit einem Spielraum von 50 Prozent. Alle Kosten außerhalb dieser Grenzen gehen zulasten des Lieferanten. Damit verteilen sich die Konsequenzen für falsch abgegebene Schätzungen gleichwertiger auf die Vertragspartner. Ein Lieferant hat übrigens sowohl das Recht, keine Schätzungen abzugeben, falls das noch nicht möglich ist, als auch das Recht, sich Zeit für Voruntersuchungen einzuräumen, um Schätzungen vornehmen zu können. Auf diese Weise ist eine nicht vereinbarungsgemäße Lieferung zu einem gleichwertigen Risiko für beide Seiten geworden. Ob ein Lieferant diese zusätzlichen Kosten auch tatsächlich tragen muss, wird in einem gemeinsamen Gespräch geklärt, sie gehen aber nicht mehr automatisch zulasten von CALVI.

5 **Mitarbeiterfluktuation zulasten des Lieferanten.** CALVI will, dass die Konsequenzen einer Fluktuation von Mitarbeitern auch bei ihren Lieferanten liegen. Und damit ist insbesondere »interne Fluktuation« gemeint – also die Situation, dass Mitarbeiter weiter beim Lieferanten beschäftigt bleiben, jedoch bei einem anderen Kunden zum Einsatz kommen. Das erwies sich in der Praxis als schwierig fassbar. Den Lieferanten sind die Konsequenzen an dieser Stelle zu beträchtlich und es ist ihnen lieber, einer ihrer Mitarbeiter wechselt intern zu einem anderen Kunden, statt aus beruflichen Gründen das Unternehmen ganz zu verlassen. Deshalb wird über die berufliche Weiterentwicklung aller Mitarbeiter der Lieferanten, die für CALVI arbeiten, regelmäßig gesprochen. So wird sichergestellt, dass die Zusammenarbeit für die Mitarbeiter ausreichend interessant bleibt und eine Personalfluktuation verhindert wird.

6 **Monatlicher Lenkungsausschuss mit Output- und Outcome-Messungen.** Es wurde ein Set von KPIs definiert, die über Leistung, Lieferung (Funktionalität) und Ergebnis (Wert) Auskunft geben. Monatlich findet eine Sitzung des Lenkungsausschusses statt, auf der diese KPIs ausgewertet werden. Es wurde festgelegt, dass man sich dazu mindestens einmal pro Quartal persönlich (face-to-face) trifft.

Wie Überprüfungen und automatische Tests ausgeführt werden, ist ebenfalls im WoW beschrieben. Jedes Team hat dabei Zugang zu den Tests und den Testergebnissen der anderen Teams.

19

AGILITÄT UND FESTPREIS

EIN VIELGENUTZTES KONZEPT BEI DER AUFTRAGSVERGABE IST DER FESTPREIS. DABEI SICHERT DER LIEFERANT DAS ENDERGEBNIS GEGEN FESTE KOSTEN UND EINEN FESTEN LIEFERTERMIN ZU. DERARTIGE KOOPERATIONSBEZIEHUNGEN WERDEN IM ALLGEMEINEN AUF GRUNDLAGE EINER DETAILLIERTEN BESCHREIBUNG DES ENDERGEBNISSES EINGEGANGEN, WOBEI DER LIEFERANT EIN ANGEBOT ZU FESTEN KONDITIONEN UNTERBREITET. FUNKTIONIERT DAS AUCH BEI EINER AGILEN HERANGEHENSWEISE?

Kann Agilität mit Festpreis umgehen?

Eine häufig gehörte These ist, dass ein agiler Festpreis unmöglich sei. Dieser Gedanke beruht auf der Tatsache, dass es beim agilen Vorgehen möglich ist, den Leistungsumfang mit fortschreitenden Einsichten und Erkenntnissen anzupassen. Für ein Festpreisprojekt werden ein fester Preis und ein fester Liefertermin gefordert. Agiles Arbeiten hingegen heißt Änderungen willkommen, wodurch das Endergebnis zu Beginn nie vollständig feststeht und der Abschluss eines Festpreisvertrages damit unmöglich erscheint.

Jeder Sprint ist faktisch ein Festpreisprojekt

Doch agiles Vorgehen ist besonders gut für Festpreisprojekte geeignet. Agile Arbeitsweisen frieren ja Budget und Zeit ein. Jeder Sprint hat eine feste Laufzeit mit einem festen Aufwand und damit mit festen Kosten. Zudem liefert jeder Sprint ein funktionierendes Ergebnis. Ein Festpreisvorhaben mit einem festen Enddatum kann hervorragend in eine Anzahl von Sprints zerlegt werden. In diesem Szenario wird sogar der Umfang des Systems flexibel, wobei das eher eine Chance als eine Bedrohung darstellt. Denn in einer sich schnell verändernden Welt ist es äußerst hilfreich, den Leistungsumfang später anpassen zu können, falls das erforderlich werden sollte.

Die These, dass man mit agilem Vorgehen keine Festpreisprojekte umsetzen kann, gilt daher eigentlich nur, wenn alle Spezifikationen im Voraus bis ins kleinste Detail ausgearbeitet werden. Eigentlich ist jedoch gemeint, dass die Kombination aus Festpreis, festem Termin und festem Umfang mit agilem Vorgehen nicht realisierbar ist. Doch für eine Reihe feststehender und detaillierter Anforderungen ein Festpreisangebot abzugeben, ist auch bei agilem Arbeiten möglich. Das hat nichts mit der Arbeitsweise zu tun. Solange sich nichts verändert, wird dieser Leistungsumfang umgesetzt und geliefert. Und bei Bedarf kann das Ergebnis angepasst werden, während der Festpreis einfach bestehen bleibt.

Aufbrechen in Sprints

Die Herausforderung dieses »Festpreis/fester Termin/fester Umfang«-Ansatzes wird bei agilem Arbeiten angenommen, indem das Gesamtprojekt in einzelne Iterationen aufgebrochen wird, die jedes Mal komplette Ergebnisse liefern. Das zeigen die nebenstehenden Abbildungen. In der ersten Abbildung wird am Enddatum alles auf einmal geliefert. Der gesamte Wert steht also erst am Ende zur Verfügung. In der zweiten Abbildung geht dieser endgültigen Lieferung eine Reihe von Teillieferungen voraus, wobei vorzugsweise die mit dem höchsten Wert soweit möglich zuerst erfolgt. Nun kann man sich fragen, ob hier der Begriff »Endergebnis« wirklich noch zutreffend ist. Jeder Sprint liefert Endergebnisse, sodass jederzeit die Option besteht, die Arbeit zu beenden. Agiles Vorgehen

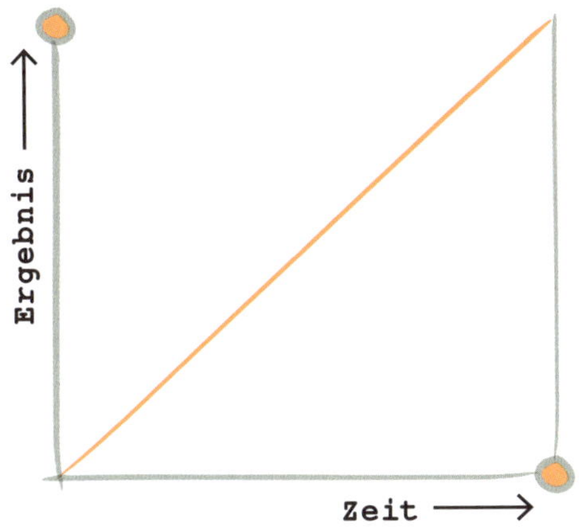

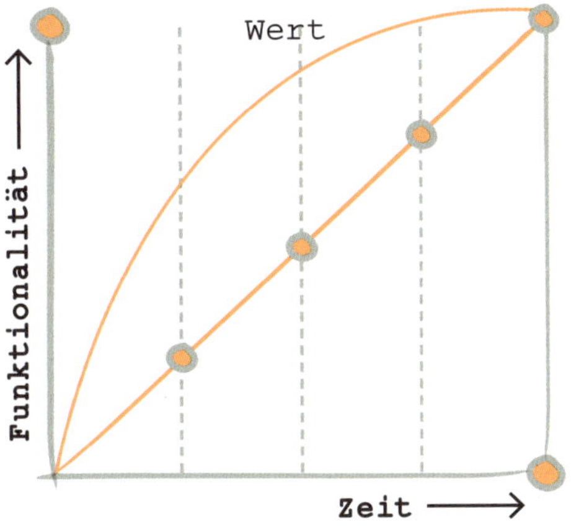

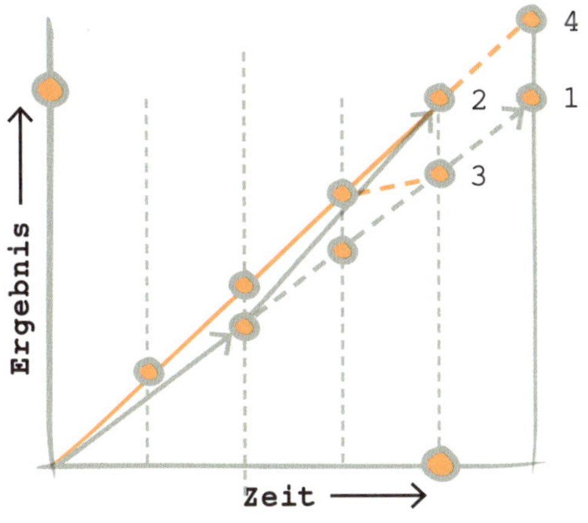

strebt eine grundlegende Veränderung an: von alles ist am Ende fertig hin zu nach jedem Sprint fertig sein. Dabei ist wichtig, dass jede Lieferung zum aktuellen Zeitpunkt den höchstmöglichen Mehrwert bietet. So sind die Ergebnisse viel früher wertvoll, können sich schon rentieren und es wird viel früher Feedback generiert. Das hat den großen Vorteil, dass zwischenzeitliche Anpassungen hin zu größerem (unerwartetem) Wert oder Reagieren auf (ungeplante) Veränderungen plötzlich möglich werden – sogar zum Festpreis.

Umgang mit Veränderungen

In den meisten Projekten treten in der Endphase die größten Verzögerungen auf. Bei einer agilen Arbeitsweise werden bereits im Verlauf des Projekts Kurskorrekturen vorgenommen, solange es noch Zeit und Raum für solche Maßnahmen gibt. Das bringt dem Kunden zusätzliche Vorteile. Weil die Ergebnisse von Beginn an wertvoll sind, kann die Amortisationszeit einer Investition erheblich reduziert werden.

Natürlich kann es auch bei agilem Arbeiten zu Störungen, zusätzlichen Anforderungen und Verzögerung von Aktivitäten kommen. Das ist in der Abbildung oben rechts dargestellt.

Wenn am Ende der zweiten Iteration klar wird, dass die Liefergeschwindigkeit hinter den Erwartungen zurückbleibt, kann entsprechend gegengesteuert werden. Szenario 1 zeigt, dass ohne Gegenmaßnahmen der Endtermin um eine Iteration überschritten wird. Je nach Grund für diese Verzögerung gehen die Kosten zulasten des Kunden oder des Lieferanten oder die Kosten werden geteilt. In Szenario 2 werden Maßnahmen ergriffen, um die Liefergeschwindigkeit zu erhöhen, sodass alle Deadlines wieder gehalten werden. Bei Szenario 3 wird auf einen Teil der Funktionalität mit dem geringsten Mehrwert verzichtet, um den geplanten Endtermin zu halten. Szenario 4 zeigt eine Situation, in der noch zusätzliche Funktionalität erforderlich ist, die in einem zusätzlichen Sprint geliefert wird. In all diesen Szenarien wird das Verhältnis zwischen Zeit und Geld zugunsten des Aspekts aufgelöst, der am meisten wünschenswert ist. Alle Szenarien sind relativ simpel umzusetzen. Die Arbeitsweise kann dabei einfach weiterlaufen, während klassische Projektmanagementansätze in solchen Situationen immer wieder in großem Umfang die Planung anpassen. Die Planung stützt sich bei agilem Arbeiten zudem auf mehr Messpunkte, sodass die Vorhersagbarkeit des Projekts, des Enddatums und der Endergebnisse mit der Zeit immer besser wird. Je mehr Daten zur Verfügung stehen und je mehr Sprints es gibt, desto mehr nimmt die Unsicherheit ab.

Festpreis passt sehr gut zu Agilität

Es ist im Übrigen ein Missverständnis, dass Kunden eine Vorliebe für einen festen Leistungsumfang haben. Im Gegenteil, Flexibilität ist für sie äußerst wünschenswert. Doch nicht um jeden Preis. Aus der Erfahrung hat man gelernt, dass eine Änderung des Umfangs zu höheren Kosten oder späterer Lieferung führt. So hat sich in der Praxis der Trend entwickelt, einen festen Leistungsumfang zu fordern. Das Problem ist allerdings nicht der Umfang, sondern die einmalige Lieferung ganz am Ende. Da agiles Vorgehen von Beginn an kontinuierlich Ergebnisse liefert, ist der feste Leistungsumfang nicht mehr erforderlich. Und in Anbetracht der Tatsache, dass agiles Arbeiten immer die Ergebnisse liefert, die am wertvollsten sind, kann jeder Sprint der letzte sein. Früher aufhören als geplant, weil die Ergebnisse schon ausreichend Wert liefern, ist also auch möglich.

Kurzum: Die Flexibilität von Sprints, die jeder für sich Wert liefern, sorgt dafür, dass auch ein »Festpreis/fester Termin/fester Umfang«-Ansatz mit agilem Arbeiten kombiniert werden kann. Indem man immer nach Mehrwert priorisiert und stets Ergebnisse liefert, kann garantiert werden, dass innerhalb der vorgegebenen Zeit und mit dem vereinbarten Budget der maximale Wert geliefert wird. Der Auftraggeber fährt damit sogar besser als bei einem klassischen Herangehen, denn dem Lieferanten bleiben mehr Spielraum und (Nach-)Steuerungsmaßnahmen, um ein Projekt mit »Festpreis/festem Termin/festem Umfang« erfolgreich durchzuführen. Der Leistungsumfang kann dann einfach eingefroren und mit zunehmender Einsicht auch noch verbessert werden.

19.1 VIER MASSNAHMEN FÜR FESTPREIS-AGILITÄT

1 **Den Wert zur Richtschnur machen.** Konzentrieren Sie sich nicht auf eine im Voraus entwickelte Lösung, sondern auf deren Wert für den Kunden. Dann müssen Ergebnisse nicht bereits im Vorfeld detailliert festgelegt werden, sondern erst im Laufe des Projekts, solange vorab klar ist, welcher Wert geliefert wird (und wie der Wert sichtbar gemacht wird). Dadurch wird viel Zeit eingespart, da die im Vorfeld geplanten Details später oft doch nicht umgesetzt werden.

2 **Aus Sicht des Kunden oder Endbenutzers argumentieren.** Argumentieren Sie immer unter dem Blickwinkel der Wertschöpfung für den Benutzer oder den Kunden. Dies kann zum Beispiel durch die Erstellung von User Stories geschehen, aus denen deutlich hervorgeht, was der Kunde mit dem Ergebnis machen wird und was das für ihn bedeutet. Indem User Stories nach ihrem Wert sortiert werden, kann man mit den Stories beginnen, die den meisten Wert bieten. Auf diese Weise kann jeder Sprint zum aktuellen Zeitpunkt den größten Nutzen bringen.

3 **Arbeiten Sie mit Änderungsanträgen in Form von Exchange Requests (Austauschanträgen).** In solchen Änderungsanträgen bittet der Kunde um eine Änderung und gibt an, zulasten wessen sie umgesetzt werden soll. Mit anderen Worten: Sobald etwas hinzugefügt wird, wird etwas Vergleichbares entfernt. Auf diese Weise bleibt der Umfang der Leistung eingefroren, während der Mehrwert der Leistung gleichzeitig wächst.

4 **Notfallmaßnahmen aufnehmen.** Es empfiehlt sich, bei einem Projekt mit »Festpreis/festem Termin/festem Umfang« ein oder zwei zusätzliche Sprints einzuplanen, denen im Vorfeld noch keine Aufgaben zugewiesen werden. Das schafft den Raum, mit unvorhergesehenen Situationen umzugehen oder zusätzlichen Wert zu liefern.

Agiles Vorgehen strebt eine grundlegende Veränderung an: von »alles ist am Ende fertig« hin zu »nach jedem Sprint fertig sein«.

20

AGILES SCHÄTZEN MIT PLANNING POKER©

PLANNING POKER© IST EIN INTELLIGENTES TOOL, DAS DAFÜR SORGT, DASS TEAMS BESSERE SCHÄTZUNGEN ABGEBEN: BESSER IM SINNE VON GENAUER, BESSER IM SINNE VON BREITER AKZEPTIERT, BESSER IM SINNE VON REALISTISCHER. ABER VOR ALLEM BESSER, WEIL EINE LERNSCHLEIFE INTEGRIERT IST, MIT DEREN HILFE BEIM ABGEBEN DER NÄCHSTEN SCHÄTZUNG AUS DER VORANGEGANGENEN GELERNT WIRD.

Schätzen als Team mit Karten

In den meisten Organisationen werden Schätzungen von Einzelpersonen vorgenommen. Der erfahrenste Mitarbeiter, der Team- oder der Projektleiter schätzt den Umfang der Arbeit ab. Das ist einer der am häufigsten gemachten Fehler, weil diese Schätzungen einseitig und durch das Wissen einer einzigen Person beschränkt sind. Viel besser ist es, die Schätzungen von dem Team ausführen zu lassen, das die Anforderungen auch tatsächlich umsetzen wird. Und wenn die Mitglieder dieses Teams die Schätzungen gemeinsam vornehmen, werden die Aufgaben von mehreren Seiten und aus unterschiedlichen Perspektiven betrachtet. Planning Poker© unterstützt genau das. Es ist ein Ansatz, um mit dem gesamten Team schnell gute Schätzungen abzugeben. Jedes Teammitglied schätzt den Arbeitsaufwand, den eine bestimmte Aufgabe für das gesamte Team bedeutet. Es geht also nicht nur um die Einschätzung seiner eigenen Arbeit. Beim Planning Poker© pokert man mit dem gesamten Team und für das gesamte Team. Die Praxis zeigt, dass Schätzungen so schneller zustande kommen, zutreffender sind und zu einer größeren Vorhersagbarkeit der Projekte führen.

Relatives Schätzen ist effektiver

Planning Poker© ist eigentlich eine alte Technik im neuen Gewand (eine einfache Variante von Wideband Delphi). Charakteristisch ist, dass nicht in Stunden, sondern in Punkten geschätzt wird. Der Grund dafür ist, dass Menschen offenbar schlecht darin sind, einen Aufwand in Stunden genau zu schätzen. Wir sind immer zu optimistisch und berücksichtigen keine Störungen, Abhängigkeiten, Unsicherheiten usw. Schätzen mit Punkten führt zu einer relativen Schätzung im Vergleich zu einer früher erfolgten Aktivität. Man schätzt also nicht, ob es sich um zwanzig oder dreißig Stunden Arbeit handelt, sondern dass es viermal so viel Arbeit ist wie diese eine Aufgabe von vor ein paar Wochen. Diese relativen Schätzungen sind sehr effektiv. Sie verhindern eine Menge Stress und Aufregung.

Das Wichtigste ist das Gespräch

Um zu einer besseren Schätzung zu kommen, ist es unerlässlich, mit verschiedenen Personen (aus unterschiedlichen Disziplinen) gleichzeitig auf das Thema zu schauen und auf einer relativen Skala zu schätzen. Schätzungen werden leichter mitgetragen, wenn ein gemeinsamer Konsens erreicht wurde.

Planning Poker© führt somit nicht nur zu einer genaueren Schätzung, sondern ebenso zu Wissenstransfer und Commitment im ganzen Team! Außerdem geht dieses Pokern sehr schnell. Vor allem wenn man eine Menge Arbeit zu erledigen hat, ist deshalb Schätzen mit Planning Poker© äußerst praktisch.

20.1 WIE FUNKTIONIERT PLANNING POKER©?

- Bei Planning Poker© hat jedes Teammitglied sein eigenes Set von Karten mit den Zahlen 0, 1, 2, 3, 5, 8, 13, 20, 40 und 100 auf der Hand[1]. Die Zahlen stehen für die relative Größe einer zu schätzenden Aufgabe (also die Menge an Arbeit für das ganze Team).
- Zunächst wird durch das Team eine kleine und relativ häufig vorkommende Aufgabe ausgewählt und ihr eine »2« zugeordnet. Das ist der Referenzwert. So kann jederzeit noch eine »1« für etwas, das noch kleiner ist (die Hälfte an Arbeit), vergeben werden, doch die meisten Aufgaben werden größer sein.
- Ausgehend von diesem Referenzpunkt schätzt das Team nun die anderen Aufgaben (auch User Stories genannt) im Vergleich zu dieser »2«. Also nicht in Stunden, sondern relativ zu dieser Referenz-Story mit 2 Punkten.
- Pro User Story wählt jedes Teammitglied die Karte aus seinem Set, die am besten passt, und legt sie verdeckt auf den Tisch. Jeder wählt also selbst die Karte aus (ohne sie zu zeigen – darum heißt es ja auch Poker), die am besten der relativen Größe entspricht.
- Wenn jeder eine Karte gewählt hat, werden alle Karten umgedreht. Es gibt immer Unterschiede in der Einschätzung durch die Teammitglieder. Und genau diese Unterschiede sind das Interessanteste.
- Diejenigen mit der höchsten und der niedrigsten Karte beginnen nun eine kurze Diskussion, um herauszufinden, was der Grund für den Unterschied ist. In dieser Diskussion werden die Details der Aufgabe besprochen und die Teammitglieder entdecken, was sie übersehen haben (oder auch nicht).
- Nachdem die Visionen und Ideen kurz diskutiert wurden, nimmt jeder seine Karte wieder auf und es folgt eine zweite Runde, in der erneut jeder seine Schätzung abgibt.
- Danach folgen noch eine Diskussions- und eine Schätzrunde. In der Regel reichen zwei oder drei Runden aus, um zu einer gemeinsam getragenen Schätzung zu kommen. Während dieser Schätzungen wird viel diskutiert und alle konzentrieren sich darauf, den besten Weg zu finden, um gemeinsam die Aufgabe zu verstehen.
- Auf diese Weise wird das gesamte Backlog geschätzt.
- Wenn das Team weiß, wie viele Punkte es in einer Woche umsetzen kann, dann kann anhand der Gesamtpunktzahl exakt eingeschätzt werden, wann die gesamte Arbeit erledigt sein wird, solange keine Aufgaben hinzukommen oder entfernt werden.

1 Das Set enthält auch eine Karte mit einem »?«.

20.2 ZEHN TIPPS FÜR PLANNING POKER©

1 **Überlassen Sie den Karten die Arbeit.** Beginnen Sie die erste Schätzung mit dem Aufdecken einer Karte und gehen Sie erst dann in die Diskussion, nicht anders herum. Das spart Zeit und man beeinflusst sich dabei gegenseitig nur minimal.

2 **Vermeiden Sie lange, ausufernde Diskussionen.** Orientieren Sie sich nicht an Mittelwerten, sondern achten Sie vor allem auf die Ausreißer. Dort liegt der Gewinn: Jemand hat vielleicht eine sehr gute Idee oder, im Gegenteil, sehr viele Einwände. Eine Story kann zum Beispiel sehr einfach umzusetzen, jedoch nur sehr aufwendig manuell zu testen sein. Dann hilft es enorm, diesen Test mit dem gesamten Team zu automatisieren.

3 **Schätzen Sie mit dem gesamten Team.** Die komplette Arbeit für das gesamte Team wird gemeinsam mit allen geschätzt. Also nicht nur den eigenen Anteil schätzen und nicht nur mit den erfahrenen Leuten. Und keinesfalls die Arbeit eines anderen Teams. Beim Planning Poker© geht es vor allem um den Wissenstransfer. Es ist deshalb völlig normal, während des Pokerns eine Skizze am Whiteboard anzufertigen oder Alternativen zu diskutieren.

4 **Ein Fragezeichen ist nicht gleichbedeutend mit Dummheit.** Decken Sie die Karte mit dem Fragezeichen auf, wenn Sie etwas nicht wissen. Geben Sie keine Schätzung ab, von der Sie nicht überzeugt sind. Ein Fragezeichen ist eine sehr wichtige Information für Ihre Teamkollegen und den Product Owner. Vielleicht wird Ihnen dann jemand helfen. Möglicherweise fehlt es auch im Team an Wissen, um mit der Arbeit beginnen zu können.

5 **Halten Sie sich an die Zahlen auf den Karten.** Die Skala ist absichtlich exponentiell. Ist etwas größer, dann liegt es wahrscheinlich weiter in der Zukunft. Und es ist besser, mit der Schätzung ungefähr richtig zu liegen als exakt falsch. Es bringt keinen Mehrwert, darüber zu diskutieren, ob etwas nun eine »19«, »20« oder »21« ist.

6 **Fokus.** Schätzen mit dem gesamten Team ist wertvoll und kostspielig. Verpfuschen Sie es deshalb nicht. Planning Poker© ist eine wundervolle Art von Wissenstransfer und zu wertvoll, um es zu vermasseln. Achten Sie darauf, dass die Aufgaben, die Sie schätzen, priorisiert sind, und beginnen Sie mit den wichtigsten. Vereinbaren Sie eine maximale Dauer für die gesamte Sitzung und hören Sie auf, sobald diese Zeit abgelaufen ist.

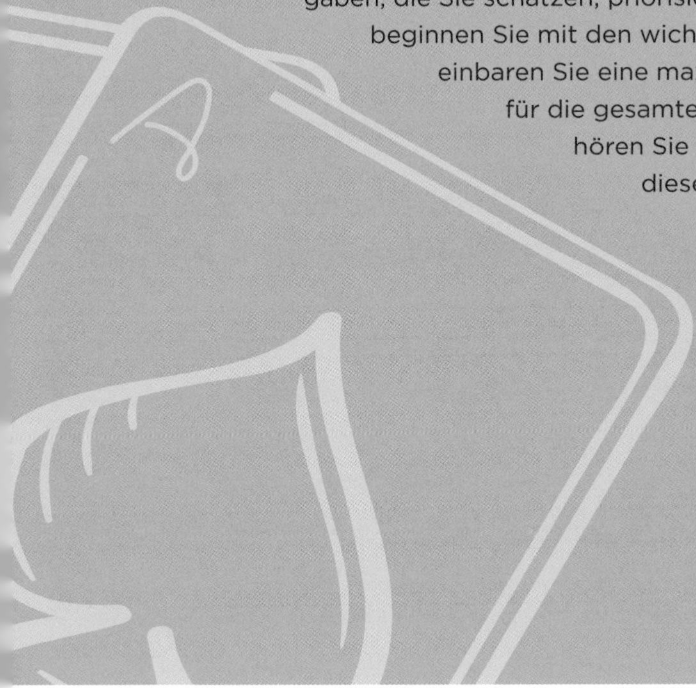

7 **Treffen Sie keine Annahmen.** Stellen Sie sicher, dass der Product Owner anwesend ist und stellen Sie Fragen. Annahmen sind teuer und unnötig.

8 **Benennen Sie mehrere Referenzwerte.** Der Einstieg mit einem Referenzwert von »2« ist in Ordnung. Wenn Teams diese Methode häufiger verwenden, ist es praktisch, auch für »8« und »40« einen Referenzwert festzulegen. Das erleichtert das relative Schätzen in den höheren Zahlen. Gleichzeitig wird jede geschätzte Aufgabe auch wieder zu einem Referenzwert. Relatives Schätzen wird dadurch immer konkreter.

9 **Reservieren Sie nichts für die Zukunft.** Jede Schätzung ist relativ, Sie können dieselbe Karte mehrere Male ausspielen und brauchen die größte auch nicht für etwas zu reservieren, das vielleicht noch kommt. Eine »13« ist etwa viermal so groß wie eine »3« und eine »3« bedeutet dreimal so viel Arbeit wie eine »1«. Sollten Sie auf etwas wirklich Großes stoßen, dann malen Sie sich einfach eine Karte mit einer »1000« darauf.

10 **Viel Spaß beim Schätzen.** Verhindern Sie, dass Planning Poker© zu einer langweiligen Sache wird. Finden Sie kreative Formen, sodass es Spaß macht.

WEITERLESEN?

Für weitere Inspiration und noch mehr Antworten auf viele Fragen gibt es ausreichend Literatur. Hier folgt eine Auflistung deutsch-, englisch- und niederländischsprachiger Bücher. Doch beschränken Sie sich nicht nur aufs Lesen. Gehen Sie zu einem Meetup oder einer Konferenz und informieren Sie sich insbesondere über und bei anderen Organisationen. Diese werden Sie sicher gerne empfangen und Ihnen zeigen, worin für sie die Kraft von Agilität besteht.

Agilität – allgemein

- Bas van Lieshout, Hendrik-Jan van der Waal, Astrid Karsten, Rini van Solingen: *Agile transformeren – Een praktische aanpak voor het structureel versnellen en wendbaar maken van organisaties.* Boom Uitgevers Amsterdam, 2020.
- Stephen Denning: *The Age of Agile* – How Smart Companies Are Transforming the Way Work Gets Done. McGraw-Hill Education Ltd, Auflage: Special, 22. März 2018.
- Rob van Lanen, Rini van Solingen: *Agile werken in 60 minuten.* Uitgeverij Haystack, 2018.
- Sander Hoogendoorn: *This is Agile – Beyond the Basics.* Beyond the Hype. Beyond Scrum. Dymaxicon, 2014.
- Theo Gerrits, Rik de Groot, Jeroen Venneman: *Agile for Responsive Organizations – A Pocket Guide for responsive organizations.* Van Haren Publishing, 2017.
- Dion Kotteman, Henny Portman, Bert Hedeman: *Agile with a smile – Hoe met een paar klassieke aanpassingen agile werken voor iedereen succesvol kan zijn.* Van Duuren Management, 2017.
- Christine Karman: *Agile zoals het bedoeld is – Slagvaardig werken (zonder de bureaucratische rompslomp).* Uitgeverij Haystack, 2019.
- Marjolijn Feringa, Jeroen Venneman: *Agile focus in besturing – Pocketguide voor executives in transformatie.* Van Haren Publishing, 2019.

Scrum

- Henning Wolf, Rini van Solingen, Eelco Rustenburg: *Die Kraft von Scrum.* dpunkt.verlag, 2014.
- Gunther Verheyen: *Scrum Taschenbuch: ein Wegweiser für den bewussten Entdecker.* Van Haren Publishing, 2017.
- Michael Franken: *Scrum für Dummies.* Wiley-VCH, 2019.
- Rini van Solingen, Rob van Lanen: *Scrum For Managers – Management Secrets To Building Agile & Results-Driven Organizations.* Happy Melly Express, 2015.
- Jeff Sutherland: *Scrum – The Art of Doing Twice the Work in Half the Time.* Random House Business, 2015.

Gehen Sie zu einem Meetup oder einer Konferenz und informieren Sie sich insbesondere bei anderen Organisationen. Diese werden Sie sicher gerne empfangen und Ihnen zeigen, worin für sie die Kraft von Agilität besteht.

Agile Leadership

- Rini van Solingen: *Der Bienenhirte – über das Führen von selbstorganisierten Teams*. dpunkt.verlag, 2017.
- Peter Koning: *Toolkit für agile Führungskräfte – Selbstorganisierte Teams zum Erfolg führen*. dpunkt.verlag, 2019.
- Peter Koning, Martijn Stuiver: *Agile DNA – Hoe leid je een cultuur van wendbaarheid*. Boom Uitgevers Amsterdam, 2020.
- Henny Portman: *Scaling agile in organisaties – Wegwijzer voor projectmanagers en agile leaders*. Van Haren Publishing bv, 2017.
- Mike Hoogveld: *Agile Management – The fast and flexible approach to continuous improvement in organizations*. Warden Press, 2017.
- Sjors van Leeuwen: *Hoe agile is jouw strategie? – Zo kun je snel en wendbaar ondernemen*. Van Duuren Management, 2016.
- Jacques Pijl: *Strategy = Execution: – Faster Improvement, Renewal and Innovation in a New Era*. Management Impact, 2020.
- Ron Meyer, Ronald Meijers: *Leadership Agility – Developing Your Repertoire of Leadership Styles*. Routledge, 2017.

Agilität - sonstige

- Petra de Boer, Martin Bruggink, Maarten Bruns, Nienke van de Hoef, Mariëlle Roozemond, Gidion Peters, Willy Wijnands: *Scrum in actie – Maak van elk project een succes*. Business Contact, 2015.
- Willemijn Boskma, Minke Buizer, Nienke van de Hoef, Gidion Peters, Willy Zelen: *Agile HR – De (on)misbare rol van HR in wendbare organisaties*. NUBIZ, 2017.
- Kilian Wawoe, Maud Schaapveld: *Performance management in een agile werkomgeving*. Rutger Verbeet, Performa, 2019.
- Ralf Knegtmans: *Agile Talent – Nine Essential Steps for Selecting Tomorrow's Top Talent*. Business Contact, 2017.
- Adrie Dolman: *Agile Marketing – Sneller innoveren en duurzamer concurreren als groeistrategie*. Boom Uitgevers, 2016.

- Betteke van Ruler: *Reflective Communication Scrum – recipe for accountability.* Eleven International Publishing, 2014.
- Bert Hedeman, Henny Portman, Ron Seegers: *Managen van agile projecten.* Van Haren Publishing bv, 2015.
- Henny Portman: *Scaling agile in organisaties – Wegwijzer voor projectmanagers en agile leaders.* Van Haren Publishing bv, 2017.
- Ben Linders, Luis Gonçalves: *Getting Value out of Agile Retrospectives – A Toolbox of Retrospective Exercises.* lulu.com, 2014.
- Twan, Lindermans, Kees Lindermans: *Agile Leadersheep – the strength oft the herd is in the sheep, the strength oft the sheep is in the herd.* Mijnmanagementbock.nl, 2019.
- Aty Boers, Marijke Lingsma: *De 10 principes van agile-lean teamcoaching – zelforganiserend verbeteren in praktijk.* Boom, 2018.

Die erfolgreiche Umsetzung einer agilen Transformation ist nur möglich, wenn sie sinnvoll ist und mit ausreichender Dringlichkeit durchgeführt wird. Deshalb ist es notwendig, die Gründe für die Transformation gezielt zu artikulieren, damit ein eindeutiges Bild bei allen Beteiligten entsteht.

NACHWORT UND DANKSAGUNG

Dieses Buch ist Schritt für Schritt über einen Zeitraum von neun Jahren entstanden. Während dieser Zeit habe ich regelmäßig Artikel in *AG Connect* (früher: *Automatisering Gids*) veröffentlicht. Insgesamt sind mehr als 25 Artikel zu diesem Thema erschienen. Anfang 2018 gab es somit eine bunte Sammlung von Artikeln mit einem praktischen roten Faden: Wie setzt man agiles Arbeiten nun konkret in der Praxis um und wie sieht es mit all den zugrunde liegenden Aspekten genau aus?

Die Theorie von Agilität ist einfach, aber wie funktioniert das in der Praxis? Wie fängt man an, worauf muss man achten und was sind die größten Fallstricke? Was für eine großartige Idee, daraus ein Buch zu machen. Mir fiel auf, dass es alles schöne Artikel waren. Gut aufgemacht und schön illustriert. Eine tolle, ansprechende Überschrift darüber und dazu ein praktischer, einladender Untertitel. Und immer mit Kästen voller Tipps, Fallstricke, Empfehlungen und Ähnlichem.

Einerseits war es also logisch, alle diese Artikel zusammen herauszubringen. Andererseits wäre es eine Sünde, derart schöne Artikel wieder auf puren Text und langweilige Kapitel in einem trockenen Buch zu reduzieren. Deshalb habe ich den Kontakt zu Management Impact gesucht, soweit ich weiß, einer der wenigen Verlage in den Niederlanden, die derzeit den Mut haben, schöne (und deshalb manchmal auch teurere) Bücher zu veröffentlichen. Ich wollte vor allem ein schönes Buch daraus machen. Ein Buch, das eine Ausstrahlung hat und das man sogar auf den Kaffeetisch legen kann. Anja Jalink von Management Impact brachte mich in Kontakt mit ihrem Kollegen Laurens Molegraaf. Er und ich hatten dann ein erstes Treffen im Van der Valk in Utrecht, um die Idee eines schönen Buches über Agilität zu besprechen. Sein Enthusiasmus war vielleicht sogar noch größer als meiner und wirkte ansteckend. Der Rest ist Geschichte.

Das Buch basiert daher weitgehend auf Texten von bereits veröffentlichten Artikeln und Kapiteln. Hinter all diesen Texten standen drei treibende Kräfte. Zunächst einmal war das Henk Ester. Henk war bei *AG Connect* der Redakteur für die Expertenthemen. Im Kontakt mit ihm entstanden Ideen. In unseren Gesprächen stießen wir auf Fragen und Probleme in der Praxis oder wir entdeckten, dass bestimmte Erfahrungen ausreichend interessant für eine Veröffentlichung waren. Jedes Mal, wenn wir wieder so ein Thema gefunden hatten, nahm es schließlich die Form eines Artikels an. Und das Schöne dabei war, dass diese Artikel immer hervorragend redigiert und sehr schön aufgemacht wurden. Die PDFs davon habe ich regelmäßig an Interessenten verschickt. Sie waren wie Geschenke.

Zum Zweiten war es mein persönliches Bedürfnis, zu schreiben, Dinge mit anderen zu teilen und an die Öffentlichkeit zu treten.

Wenn ich inspiriert werde, meistens indem ich etwas lerne, entdecke oder sehe, dann habe ich das Bedürfnis, das zu verpacken, und zwar in einen für andere einfach lesbaren Text.

Die dritte treibende Kraft war die intensive Zusammenarbeit mit anderen. Wissen und Ideen entstehen selten aus dem Nichts. Fast immer sind viele andere daran beteiligt. Entweder aktiv und von Anfang bis Ende oder nur mit einem einzigen Funken als Ausgangspunkt für die Inspiration. Deshalb schreibe ich eigentlich immer gemeinsam mit anderen.

Hiermit möchte ich dann auch meinen Dank aussprechen:

- An alle Ko-Autoren der Quelltexte. Ohne euch würde es dieses Buch zu diesem Zeitpunkt und in dieser Form überhaupt nicht geben. Jurgen Appelo, Jan Jaap Cannegieter, Michael Franken, André Heijstek, Henk Jan Huizer, Martijn Kalkwarf, Peter Koning, Rob van Lanen, Martin van Langen, Bas van Lieshout, Barry Overeem, Eelco Rustenburg, Joost Smits, Martin van Soest, Nicole de Swart, Els Verkaik, Martin Vodegel und Dave Woertman: herzlichen Dank für eure Zeit, Energie und Inspiration. Und auf diesem Wege meine Entschuldigung, dass ich euch nicht alle als Ko-Autoren auf den Umschlag des Buches aufnehmen konnte ;-).

- Ebenso an alle Leser dieser Artikel (und anderer Bücher). Die Kommentare, Reaktionen, Komplimente, Hass-E-Mails und das Feedback von euch haben mir geholfen, immer weiterzumachen und neue Artikel zu schreiben. Durch Handeln lernt man nun einmal mehr als durch Nachdenken. Und es ist wirklich toll, regelmäßig dazu angespornt zu werden, denn ohne Leser gibt es keinen Autor.

- Allen anderen, die auf die eine oder andere Weise zu diesem Buch oder den Quelltexten beigetragen haben – durch Reviews, durch Inspiration und durch Unterstützung beim Herstellen von Kontakten oder dem Liefern von Daten. Hierbei denke ich beispielsweise an alle Kunden von Prowareness We-On, bei denen ich viel von meinen Kenntnissen erworben habe, und an meine Kollegen, die dort an meiner Seite standen oder mir vorangingen. Und ich denke auch an alle Ko-Autoren der Artikel, die es nicht in dieses Buch geschafft haben. Euch allen herzlichen Dank! Eure Beiträge sind für das Endergebnis letztlich unverzichtbar gewesen.

Vertrauen Sie auf die Kraft von Agilität. Das funktioniert. Immer.

- An Laurens Molegraaf, Anja Jalink, Suzanne Loohuis (Redaktion), Jorine Lamsma (Korrektorat), Hans Roenhorst (Satz) und allen anderen Mitarbeitern von Management Impact, die auf die eine oder andere Weise zu diesem Buch beigetragen haben.

- An vorletzter Stelle an mein Zuhause: meine Ehefrau Patricia und unsere Kinder Bo und Bas. Ohne euch kann ich nicht sein, der ich bin, und nicht tun, was ich tue.

- Und last, aber sicher not least: Henk Ester. Danke für die jahrelange Zusammenarbeit, Redaktion, Gespräche, Freude und Inspiration. Ohne dich würde es dieses Buch nicht geben. Ich bin unglaublich stolz darauf, dass du das Vorwort zu diesem Buch schreiben wolltest. Du hast inzwischen sicher bemerkt, dass ich ein ziemlicher Kulturbanause bin, und gerade deshalb finde ich es großartig, so einen berühmten Dichter meinen Freund nennen zu dürfen. Vielleicht bist doch du klammheimlich die Spinne dieses Buches.

Mein Dank gilt auch Ihnen, dem Leser, dass Sie dieses Buch lesen. Danke für Ihre Zeit beim Lesen oder Durchblättern. Ich hoffe, dass es hilft oder geholfen hat, den nächsten Schritt zu entdecken. Für Sie selbst oder für Ihre Organisation. Letztendlich geht es immer um den nächsten Schritt. Diesen Schritt zu entdecken und dann auch den Mut zu haben, ihn zu gehen. Vertrauen Sie darauf, dass bei jedem Schritt, den Sie gehen, klar wird, welches der nächste sein muss. Lernen Sie durch Entdecken und Handeln.

Vertrauen Sie auf die Kraft von Agilität.
Das funktioniert. Immer.

Rini van Solingen
Zoetermeer, 12. September 2018

QUELLTEXTE

Die Ausgangstexte der meisten Kapitel dieses Buches sind zum Teil schon früher veröffentlicht worden und fast alle wurden in Zusammenarbeit mit anderen verfasst. Für die Veröffentlichung dieses Buches wurden alle Texte bearbeitet, erweitert und angepasst. Nachfolgend finden Sie eine detaillierte Liste der Autoren und des Erscheinungsortes der ursprünglichen Quelltexte.

- Kapitel 1 basiert auf »Agile werken in 60 minuten« (Uitgeverij Haystack, 2018) von Rob van Lanen und Rini van Solingen. Uitgeverij Haystack: herzlichen Dank, dass es als Input für dieses Buch dienen konnte. Die Abschnitte 1.1, 1.3 und 1.4 sind neu. Abschnitt 1.2 basiert auf einem Kasten innerhalb des Artikels »Kan Scrum fixed price?« von Rini van Solingen und Eelco Rustenburg (*Automatisering Gids*, 11. Juni 2010, S. 20–21).

- Kapitel 2 basiert auf dem Artikel »Veel vooroordelen over Scrum« von Jurgen Appelo, Jan Jaap Cannegieter, André Heijstek und Rini van Solingen (*Automatisering Gids*, 28. Januar 2011, S. 18–19). Abschnitt 2.2 ist neu.

- Kapitel 3 basiert auf dem Artikel »DevOps is geen doel, vaak releasen wel« von Rini van Solingen (*AG Connect*, 28. September 2017, S. 46–49). Dieser Artikel ist in enger Zusammenarbeit mit Frederieke Ubels, Nick Tinnemeier und Thomas de Jong von bol.com entstanden.

- Kapitel 4 basiert auf dem Artikel »Verborgen gevaren van Agile« von Nicole de Swart und Rini van Solingen (*Automatisering Gids*, 28. Mai 2015, S. 24–25). Abschnitt 4.2 basiert auf einem Kasten innerhalb des Artikels »Veel vooroordelen over Scrum« von Jurgen Appelo, Jan Jaap Cannegieter, André Heijstek und Rini van Solingen (*Automatisering Gids*, 28. Januar 2011, S. 18–19).

- Kapitel 5 basiert auf Kapitel 4 aus »Agile werken in 60 minuten« (Uitgeverij Haystack, 2018) und auf Kapitel 3 aus »Scrum voor managers« (Boom Uitgeverij, 2013) von Rob van Lanen und Rini van Solingen. Beiden Verlagen herzlichen Dank für die Erlaubnis, die Quelltexte als Input für dieses Buch nutzen zu dürfen. Insbesondere der Abschnitt 5.1 über Scrum ist nahezu identisch mit unserer Beschreibung im Buch »Agile werken in 60 minuten«.

- Kapitel 6 basiert auf dem Artikel »Agile is geen haastwerk. Veel organisaties begrijpen de combinatie van agile werken en kwaliteit niet« von Rini van Solingen und Henk Jan Huizer (*Automatisering Gids*, 22. Januar 2015, S. 22–23).
Abschnitt 6.2 ist neu.

- Kapitel 7 basiert auf dem Artikel »Planmatig agile invoeren werkt niet. Agile transformaties vragen om een iteratieve implementatie« von Rini van Solingen, Martin van Langen und Martijn Kalkwarf (*AG Connect*, 23. Mai 2018, S. 62–65).

- Kapitel 8 basiert auf dem Artikel »Agile transformaties verlopen vaak problematisch. De 7 meest gemaakte fouten« von Henk Jan Huizer und Rini van Solingen (*Automatisering Gids*, 15. Februar 2016, S. 28–29). Abschnitt 8.2 ist neu.

- Kapitel 9 basiert auf dem Artikel »Agile tot in de haarvaten. Een echte agile organisatie vereist cultuurverandering en nieuwe principes« von Rini van Solingen und Barry Overeem (*AG Connect*, 28. Juli 2016, S. 16–19). Abschnitt 9.2 ist neu.

- Kapitel 10 basiert auf dem Artikel »Eigenaarschap hoort bij agile. Teamvolwassenheid is prima op te bouwen en te sturen« von Peter Koning und Rini van Solingen (*AG Connect*, 5. Januar 2018, S. 66–69). Abschnitt 10.3 ist neu und basiert auf dem Buch »De bijenherder« (»Der Bienenhirte«).

- Kapitel 11 basiert auf dem Artikel »Zeven maatregelen voor agile governance« von Rini van Solingen und Barry Overeem (*Automatisering Gids*, 14. Juli 2016, S. 26–27). Abschnitt 11.2 ist neu.

- Kapitel 12 basiert auf dem Artikel »Agile naar strategisch niveau« von Martin van Soest und Rini van Solingen (*AG Connect*, 16. April 2019, S. 48–51).

- Kapitel 13 basiert auf dem Artikel »De dode hoek van Scrum« von Rini van Solingen und Dave Woertman (*Automatisering Gids*, 17. Oktober 2014, S. 36–37). Abschnitt 13.2 ist neu.

- Kapitel 14 basiert auf dem Artikel »Een agile coach vinden is maatwerk« von Els Verkaik und Rini van Solingen (*AG Connect*, 25. Februar 2020). Abschnitt 14.1 ist neu.

- Kapitel 15 basiert auf dem Artikel »Kwaliteit door autonome teams. Het negatieve beeld dat men van autonomie heeft is onjuist« von Rini van Solingen (*AG Connect*, 22. März 2018, S. 66–69). Dieser Artikel wurde in enger Zusammenarbeit mit Frederieke Ubels, Sjoerd van den Berg, Nick Tinnemeier, Peter Brouwers und Thomas de Jong von bol.com sowie Sjoerd Hemminga und Gijs Scheepers vom ANWB geschrieben.

- Kapitel 16 basiert auf dem Artikel »Agile op grote schaal. Hoe minder hoe beter« von Rini van Solingen, Henk Jan Huizer und Martin Vodegel (*Automatisering Gids*, 26. November 2015, S. 24–25). Die Abschnitte 16.2 und 16.3 basieren auf den Kästen aus dem Artikel »Agile op grote schaal vereist afstemming« von Bas van Lieshout und Rini van Solingen (*AG Connect*, 25. Oktober 2017, S. 62–65).

- Kapitel 17 basiert auf dem Artikel »Agile uitbesteden. Sturen op rendement« von Henk Jan Huizer und Rini van Solingen (*Automatisering Gids*, 7. Juni 2012, S. 26–27). Die Abschnitte 17.2 und 17.3 basieren auf dem Artikel »Hoe verloopt een agile aanbesteding?« von Barry Overeem und Rini van Solingen (*Automatisering Gids*, 30. April 2015, S. 24–25).

- Kapitel 18 basiert auf dem Artikel »Agile werken? Dan ook agile contract« von Joost Smits und Rini van Solingen (*AG Connect*, 20. Juni 2019, S. 18–22).

- Kapitel 19 basiert auf dem Artikel »Kan Scrum fixed-price?« von Rini van Solingen und Eelco Rustenburg (*Automatisering Gids*, 11. Juni 2010, S. 20–21).

- Kapitel 20 basiert auf dem Artikel »Kaarten onder werktijd: planning poker leidt tot nauwkeurige schattingen in IT-projecten« von Michael Franken und Rini van Solingen (*Automatisering Gids*, 16. November 2012, S. 22–23). Dieser Artikel ist im Zuge der Veröffentlichung des Buches »Scrum voor Dummies« von Michael Franken (BBNC uitgevers, 2013) erschienen. Die Abschnitte 20.1 und 20.2 wurden sowohl in den Artikel des *Automatisering Gids* als auch in das Buch aufgenommen.

ÜBER DEN AUTOR

Rini van Solingen (Prof. Dr.) ist Referent und Autor. Sein Fachgebiet sind die Schnelligkeit und Flexibilität von Menschen und Organisationen. Er ist Teilzeit-Professor an der Technischen Universität Delft und hält darüber hinaus regelmäßig Vorlesungen in Masterstudiengängen und MBAs an der Wirtschaftsuniversität Nyenrode. Zudem ist er CTO von Prowareness We-On und unterstützt dort als Strategieberater Kunden dabei, ihre Organisationen schnell und flexibel aufzustellen.

Rini ist Autor einer Reihe von Managementbüchern, unter anderem »*De Kracht van Scrum*« (2010, mit Elco Rustenburg; deutsch »*Die Kraft von Scrum*«, dpunkt.verlag, 2014), »*Scrum voor Managers*« (2012) und »*Agile werken in 60 minuten*« (2018, beide gemeinsam mit Rob van Lanen), »*De responsive enterprise*« (2016, mit Vikram Kapoor), »*De Bijenherder*« (2016, deutsch »*Der Bienenhirte*«, dpunkt.verlag, 2017), ein Business-Roman über das Führen von selbstorganisierten Teams, und »*Formule X*« (2019, mit Jurriaan Kamer; deutsch »*Formel X*«, dpunkt.verlag, 2019), ein Business-Roman über Beschleunigung in Unternehmen.

Nehmen Sie bei Fragen oder für ein Gespräch gern mit Rini Kontakt auf (*rinivansolingen@gmail.com*) oder schauen Sie sich auf seiner Website um (*www.rinivansolingen.nl*). Er freut sich, von Ihnen zu hören, und antwortet in der Regel sehr schnell. Die größte Freude bereiten Sie ihm, wenn Sie ihn einladen, einen Vortrag auf einer Firmenveranstaltung, einer Fortbildung oder auf einer Konferenz zu halten. Denn darin liegt seine größte Leidenschaft und persönliche Stärke.

»Darwinismus für Menschen und Organisationen: Es sind nicht die Größten, Klügsten oder Stärksten, die am Ende überleben, sondern diejenigen, die am besten und schnellsten auf Veränderungen reagieren!«

Agile Arbeit ist Schwimmen wie ein Delfin: immer wieder auftauchen und sich auf der Grundlage konkreter Ergebnisse und neuer Erkenntnisse anpassen.

STIMMEN ZUM BUCH

»Dieses Buch ist ein Standardwerk voll von wertvollem Wissen und praktisch anwendbaren Erkenntnissen. Es ist nicht nur Organisationen zu empfehlen, die mit agilen Arbeitsweisen beginnen, sondern auch solchen, die schon seit einiger Zeit damit arbeiten.«

Huub Vermeulen,
Geschäftsführer, bol.com

»Dieses Buch ist ein Spiegelbild des Autors: gut zugänglich, sachlich und praktisch. Und vor allem mit der Erkenntnis, dass Agilität nicht nur bedeutet, das Alte wegzuwerfen, sondern auch an einem neuen Fundament zu bauen.«

Mirjam Verhoeven,
CIO und Direktor für Innovation, De Volksbank

»Rini erläutert in diesem Buch auf einfache Weise die wichtigsten Prinzipien von Agilität. Deshalb ist es eine sehr nützliche Anleitung für agile Teams und Führungskräfte sowie ein Leitfaden für eine erfolgreiche agile Transformation. Kurz gesagt: sehr empfehlenswert!«

Amir Arooni,
CIO, NN Group

»Mit diesem Buch wird agile Führung und agiles Arbeiten anhand guter Beispiele und praktischer Fälle greifbar. Dieses Buch ist eine Empfehlung für jeden, der seine Organisation erfolgreich im aktuellen Zeitgeist aufstellen will!«

Bas de Reus,
Geschäftsführer, Fujitsu Niederlande

»Rini beweist, dass auch er sich noch selbst verbessern kann. Dieses Buch bietet eine aktuelle Übersicht für alle, die agiles Arbeiten in ihrer Organisation auf eine neue Stufe heben wollen.«

Frank de Goede,
Unternehmer und Geschäftsführer, SIMgroep

»Es ist schön, zu sehen, wie Erkenntnisse aus jahrelanger Erfahrung mit agilen Arbeitsweisen aus verschiedenen Blickwinkeln in diesem Buch zusammenkommen. Das Buch ist wundervoll gestaltet, doch der Inhalt ist sogar noch besser als die Form.«

Mike Hoogveld,
Autor, Referent u. Berater, Holland Consulting Group

»Endlich ein praktisches und ehrliches Buch über agiles Arbeiten, das zum Wesen von Agilität zurückkehrt und bis zum Rand voller konkreter Beispiele und praktischer Anregungen steckt, um all die Fallstricke zu umgehen.«

Leon Bedaux,
Direktor IT, KPN

»In diesem Buch werden viele praktische Anregungen gegeben, wie man eine agile Transformation angeht, aber auch die Fallstricke kommen ausführlich zur Sprache. Eine Empfehlung für jeden, der den Schritt hin zu Agilität gehen will.«

Hessel Dikkers,
Direktor IT, NS

»Agilität bedeutet eine einschneidende Veränderung des Steuerungssystems einer Organisation, deren Auswirkung oftmals gewaltig unterschätzt wird. Dieses Buch bietet wertvolle Einblicke in die wichtigsten Missverständnisse und Lektionen aus der Praxis.«

Jurriaan Kamer,
Organisations-Designer, The Ready

»Dieses Buch ist sowohl für ›Einsteiger‹ ins agile Arbeiten als auch für diejenigen zu empfehlen, die vom Prinzip bereits überzeugt sind, aber Schwierigkeiten haben, in ihrer Organisation wirklich agil zu arbeiten.«

Daniel Ropers,
CEO, Springer Nature und
früherer Geschäftsführer von bol.com

»Sind Sie davon überzeugt, dass man in der Lage sein muss, sich ständig an den schnellen Wandel anzupassen? Dann lesen Sie diese ›Enzyklopädie‹ voller Theorie und praktischer Beispiele für agiles Arbeiten.«

Marc Gill'ard,
Direktor, Verdonck, Klooster & Associates

»Dieses Buch hilft dabei, die gesamte Theorie und die Symbole von Agilität zu durchschauen und das Wesen agilen Arbeitens zu erkennen. Es enthält eine Reihe von Listen, wie das in Managementbüchern üblich ist, doch für mich persönlich besteht der wahre Wert in der einfachen Darstellung des Wesentlichen.«

Derk-Jan Stol,
Head of Group Finance & Reporting, NN Group

»Sorgen Sie dafür, dass Ihr Unternehmen so fit, flexibel und agil ist, dass Sie jederzeit schnell auf Veränderung reagieren können. Dieses Buch liefert dazu praktische und nützliche Werkzeuge.«

Martin van Gogh,
Direktor, Batenburg Industriële Automatisering

»Aufgrund seines ganzheitlichen Ansatzes und seiner praktischen Ausrichtung ist ›Agile‹ ein Must-read für jeden, der seine Organisation agiler aufstellen will.«

Leo van der Heijden,
CEO, Calvi Group